Samir Bensaid
Javad Fouladgar
Didier Trichet

Modélisation 3D du chauffage par induction des matériaux composites

Samir Bensaid
Javad Fouladgar
Didier Trichet

Modélisation 3D du chauffage par induction des matériaux composites

Modélisation multi-physique et caractérisation des matériaux composites stratifiés anisotropes à renfort conducteur

Presses Académiques Francophones

Impressum / Mentions légales

Bibliografische Information der Deutschen Nationalbibliothek: Die Deutsche Nationalbibliothek verzeichnet diese Publikation in der Deutschen Nationalbibliografie; detaillierte bibliografische Daten sind im Internet über http://dnb.d-nb.de abrufbar.

Alle in diesem Buch genannten Marken und Produktnamen unterliegen warenzeichen-, marken- oder patentrechtlichem Schutz bzw. sind Warenzeichen oder eingetragene Warenzeichen der jeweiligen Inhaber. Die Wiedergabe von Marken, Produktnamen, Gebrauchsnamen, Handelsnamen, Warenbezeichnungen u.s.w. in diesem Werk berechtigt auch ohne besondere Kennzeichnung nicht zu der Annahme, dass solche Namen im Sinne der Warenzeichen- und Markenschutzgesetzgebung als frei zu betrachten wären und daher von jedermann benutzt werden dürften.

Information bibliographique publiée par la Deutsche Nationalbibliothek: La Deutsche Nationalbibliothek inscrit cette publication à la Deutsche Nationalbibliografie; des données bibliographiques détaillées sont disponibles sur internet à l'adresse http://dnb.d-nb.de.

Toutes marques et noms de produits mentionnés dans ce livre demeurent sous la protection des marques, des marques déposées et des brevets, et sont des marques ou des marques déposées de leurs détenteurs respectifs. L'utilisation des marques, noms de produits, noms communs, noms commerciaux, descriptions de produits, etc, même sans qu'ils soient mentionnés de façon particulière dans ce livre ne signifie en aucune façon que ces noms peuvent être utilisés sans restriction à l'égard de la législation pour la protection des marques et des marques déposées et pourraient donc être utilisés par quiconque.

Coverbild / Photo de couverture: www.ingimage.com

Verlag / Editeur:
Presses Académiques Francophones
ist ein Imprint der / est une marque déposée de
OmniScriptum GmbH & Co. KG
Heinrich-Böcking-Str. 6-8, 66121 Saarbrücken, Deutschland / Allemagne
Email: info@presses-academiques.com

Herstellung: siehe letzte Seite /
Impression: voir la dernière page
ISBN: 978-3-8381-4013-1

Copyright / Droit d'auteur © 2014 OmniScriptum GmbH & Co. KG
Alle Rechte vorbehalten. / Tous droits réservés. Saarbrücken 2014

Table des matières

Introduction générale 7

Chapitre I Matériaux composites et induction

I.1 Introduction 12

I.2 Les Materiaux composites 12

    I.2.1 Définition d'un matériau composite 14

    I.2.2 Constituants des matériaux composites 14

        I.2.2.1 La matrice 15

        I.2.2.2 Le renfort 16

    I.2.3 Architecture du composite 18

        I.2.3.1 Les monocouches 19

        I.2.3.2 Les stratifiées 19

        I.2.3.3 Les sandwichs 21

I.3 Cycle de vie des matériaux composites 22

    I.3.1 Fabrication des semi-produits 23

    I.3.2 Formage des pièces en composites 24

    I.3.3 Assemblage 24

    I.3.4 Maintenance des pièces en composites 25

    I.3.5 Recyclage des matériaux composites 26

I.4 Induction et le cycle de vie des matériaux composites 26

    I.4.1 Le principe 27

    I.4.2 Installation du chauffage par induction 28

    I.4.3 Maîtrise du chauffage par induction des matériaux composites 29

        I.4.3.1 Fréquence du générateur (f) 29

        I.4.3.2 Géométrie de l'inducteur 31

        I.4.3.3 Propriétés physiques du matériau à chauffer 32

I.5 Outil de simulation 33

    I.5.1 Contraintes de simulation 33

I.5.1.1 Facteur d'échelle 33

I.5.1.2 Anisotropie 34

I.5.1.3 Non linéarités 34

I.5.1.4 Caractère tridimensionnel des phénomènes 34

I.5.2 Méthode de résolution 35

I.6 Conclusion 35

Chapitre II Outils et modèles mathématiques

II.1 introduction... 38

II.2 Modelisation electromagnetique 39

II.2.1 Formulation locale du problème électromagnétique.... 39

II.2.1.1 Equations de Maxwell... 40

II.2.1.2 Relations constitutives.. 41

II.2.1.3 Conditions de passage 42

II.2.1.4 Quelques écritures simplifiées des équations........ 42

II.2.2 Formulation du problème... 43

II.2.2.1 Formulation dans les régions conductrices........... 43

II.2.2.2 Formulation dans les régions non conductrices.... 46

II.2.2.3 Prise en compte des régions minces conductrices . 49

II.2.3.4 Choix de la formulation 52

II.2.2.5 Formulation éléments coques généralisés pour une plaque conductrice 53

II.3 Modélisation thermique 55

II.4 Homogénéisation des matériaux composites 58

II.4.1 Méthodes prédictives d'homogénéisation 59

II.4.1.1 Méthode du développement asymptotique 61

II.4.1.2 Méthode d'homogénéisation dynamique............... 63

II.4.1.3 Méthode du problème inverse 66

II.4.1.4 Comparaison des méthodes d'homogénéisation prédictives 67

II.4.2 Méthode d'homogénéisation expérimentale 68

II.5 Logiciel de simulation 73

II.6 Conclusion 74

Chapitre III Caractérisation expérimentales des matériaux composites : Estimation de la conductivité électrique

III.1 Introduction 76

III.2 Conductivité electrique des matériaux composites 77

    III.2.1 Influence des constituants 77

    III.2.2 Influence de la géométrie............................. 77

    III.2.3 Méthodes de mesure de la conductivité électrique 79

        III.2.3.1 Méthodes volt-ampéremétriques 79

        III.2.3.2 Méthode des courants induits............................ 82

        III.2.3.3 Autres méthodes 83

III.3 Identification de la conductivité a partir de l'Impédance..... 85

    III.3.1 Présentation de la méthode 85

    III.3.2 Problème inverse 86

    III.3.3 Résolution du problème direct : calcul de l'impédance 87

        III.3.3.1 Méthode analytique 90

        III.3.3.2 Méthode numérique 2D 91

    III.3.4 Analyse de sensibilité 94

    III.3.5 Problème inverse et prise en compte de la sensibilité. 97

    III.3.6 Mesure de l'impédance 98

        III.3.6.1 Méthodes classiques............................. 99

        III.3.6.2 Mesure de l'impédance avec "AGILENT 4294A".. 101

    III.3.7 Optimisation du système de mesure....................... 101

III.4 experimentation et résultats 104

III.4.1 Géométrie retenue 104

III.4.2 Validation 105

III.4.3 Résultats pour les matériaux composites 106

III.5 Conclusion 107

Chapitre IV Modèles électromagnétique et thermiques développés

IV.1 Introduction 110

IV.2 Modéle Electromagnétique des plaques anisotropes 111

    IV.2.1 Elément coque anisotrope monocouche 111

        IV.2.1.1 Solutions analytiques 112

        IV.2.1.2 Solution numérique 116

    IV.2.2 Elément coque anisotrope multicouche 121

        IV.2.2.1 Impédance de surface anisotrope du composite multicouches 122

        IV.3.2.2 Formulation élément coque anisotrope multicouche 124

        IV.3.2.3 Densité de puissance induite dans le composite multicouche 124

IV.3 Validation des modèles isotrope et anisotrope 127

    IV.3.1 Validation du modèle isotrope 127

    IV.3.2 Validation du modèle anisotrope 128

        IV.3.2.1 Eléments coques anisotropes monocouche 129

        IV.3.2.2 Eléments coques anisotropes multicouches 132

    IV.3.3 Influence de l'anisotropie sur le comportement électromagnétique et thermique des matériaux composites 133

IV.6 Conclusion 135

Conclusion générale 137

Annexe A : Homogénéisation asymptotique des équations de conduction 141

Annexe B : Homogénéisation dynamique des équations de Maxwell 145

Annexe C : Formulation élements cocques pour une plaque isotrope 149

Annexe D : Probléme d'une plaque conductrice anisotrope soumise à des champs tangentiels.. 155

Annexe E : Ecriture générale des tenseurs de propriétés sur le repère orthogonal OXY à partir des propriétés suivant un repère quelconque OUV.. 165

Annexe F : Formulation Multicouche 167

Références Bibliographiques 173

Table des matières

Introduction générale

La production de matériaux composites se développe d'environ 6% par an en France comme dans le monde. Ces matériaux associent matière plastique et renfort en fibres, généralement de verre ou de carbone. Bien que leur coût soit plus élevé que celui des matériaux traditionnels, ils apportent à leurs utilisateurs des avantages importants grâce à leurs propriétés, notamment de légèreté ou de résistance. Ces avantages leur ont ouvert des marchés importants dans la construction automobile, l'aéronautique, ou encore le bâtiment comme le montre la figure 1 [BERR 02].

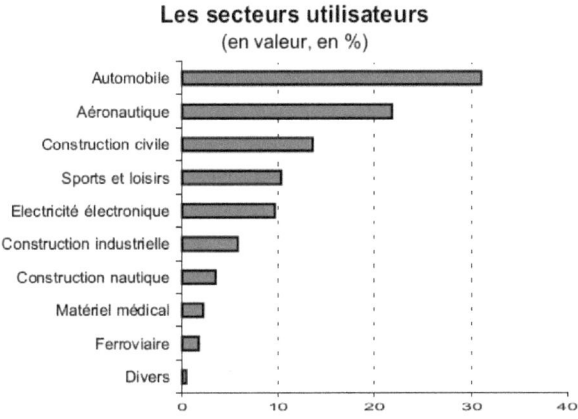

Figure 1 : Evolution du pourcentage d'utilisateurs des matériaux composites

L'objectif des producteurs des matériaux composites est de concurrencer et de surpasser les métaux qui, de leur coté, ne cessent d'optimiser leurs propres caractéristiques. La diversité des matériaux composites et leur souplesse, qui permet de fabriquer ou de composer des caractéristiques à la carte, rendent cet objectif légitime. Il est pourtant loin d'être atteint parce qu'à l'heure actuelle la production des matériaux composites ne représente que 2% celle des métaux.

Pour atteindre ces objectifs, ce secteur doit se développer par l'innovation. Cette innovation passe désormais par la maîtrise de l'ensemble du cycle du produit, de la conception au recyclage et par une meilleure caractérisation des produits et de leurs performances.

La maîtrise du cycle de vie des matériaux composites est un problème à la fois technologique et scientifique. En effet, la réalisation et l'utilisation de ces matériaux font intervenir les différents domaines dc la science tels que la chimie, la mécanique, la thermique ou l'électromagnétisme. Le développement industriel et scientifique dans ce secteur ne peut alors se faire que par partenariats.

Dans la fabrication des matériaux composites, l'apport de la chaleur et le contrôle de la température ont une importance particulière sur la qualité du produit. L'apport de la chaleur par onde électromagnétique est un procédé innovant qui offre une rapidité de chauffage et une maîtrise aisée de la température. Si le chauffage par onde électromagnétique des matériaux isolants n'est possible qu'en haute fréquence, les composites à fibres de carbone peuvent être chauffé par induction. Nos travaux s'inscrivent dans la continuité de [TRIC 00a] où nous nous intéressons à l'utilisation du chauffage par induction des matériaux composites à base de fibres de carbone.

La maîtrise du chauffage par induction de ces matériaux nécessite une connaissance parfaite de leurs caractéristiques électromagnétiques et thermiques. Or, par nature, ces matériaux ont des caractéristiques dispersés et anisotropes. Une telle dispersion rend l'étude théorique de ces matériaux assez complexe. Pour surmonter ce problème, on remplace ces matériaux par d'autres avec des caractéristiques homogènes mais anisotropes. Cette phase de remplacement appelée homogénéisation a été l'objet de nombreuses études [PESQ 98][TRIC 00a]. Le matériau ainsi obtenu est moins complexe que le matériau réel. Il a néanmoins des propriétés anisotropes et sa géométrie est tridimensionnelle.

L'analyse et la conception d'un système de chauffage par induction des matériaux composites nécessitent une modélisation 3D des phénomènes électromagnétiques et thermiques dans le matériau.

Ce travail s'articule autour de cinq chapitres :

- Le premier chapitre présente un aperçu sur les matériaux composites et leurs caractéristiques principales. Il met en évidence l'intérêt de l'induction dans les différentes étapes de cycle de vie d'un matériau composite. Il présente enfin les verrous scientifiques associés à la modélisation du chauffage par induction de ces matériaux.

- Le deuxième chapitre énumère les principales formulations mathématiques qui permettent de modéliser des phénomènes physiques dans un procédé de chauffage par induction. Il présente les difficultés de modélisation des matériaux composites dues à l'anisotropie et aux problèmes d'échelle microscopiques et macroscopiques. Il propose des formulations appropriées pour surmonter ces difficultés.

- La conductivité électrique des matériaux à chauffer est une donnée essentielle dans un système de chauffage par induction.

Dans le cas des matériaux composites, cette grandeur est mal connue. Le chapitre III introduit une technique basée sur le problème inverse et la mesure de l'impédance pour remonter à la conductivité électrique.

- Les matériaux composites sont anisotropes et multicouches. De plus, dans nos applications, ils ont une épaisseur faible par rapport aux autres dimensions. Le chapitre IV présente une nouvelle modélisation éléments coques anisotrope et multicouche pour étudier le comportement électromagnétique et thermique de ces matériaux.

Chapitre I : Matériaux composites et induction

I.1 Introduction 12
I.2 Les Matériaux composites 12
    I.2.1 Définition d'un matériau composite 14
    I.2.2 Constituants des matériaux composites 14
        I.2.2.1 La matrice 15
        I.2.2.2 Le renfort 16
    I.2.3 Architecture du composite 18
        I.2.3.1 Les monocouches 19
        I.2.3.2 Les stratifiées 19
        I.2.3.3 Les sandwichs 21
I.3 Cycle de vie des matériaux composites 22
    I.3.1 Fabrication des semi-produits 23
    I.3.2 Formage des pièces en composites 24
    I.3.3 Assemblage 24
    I.3.4 Maintenance des pièces en composites 25
    I.3.5 Recyclage des matériaux composites 26
I.4 Induction et le cycle de vie des matériaux composites 26
    I.4.1 Le principe 27
    I.4.2 Installation du chauffage par induction 28
    I.4.3 Maîtrise du chauffage par induction des matériaux composites ... 29
        I.4.3.1 Fréquence du générateur (f) 29
        I.4.3.2 Géométrie de l'inducteur 31
        I.4.3.3 Propriétés physiques du matériau à chauffer 32
I.5 Outil de simulation 33
    I.5.1 Contraintes de simulation 33
        I.5.1.1 Facteur d'échelle 33
        I.5.1.2 Anisotropie 34
        I.5.1.3 Non linéarités 34
        I.5.1.4 Caractère tridimensionnel des phénomènes 34
    I.5.2 Méthode de résolution 35
I.6 Conclusion 35

I.1 INTRODUCTION

Le chauffage par induction des matériaux composites a fait l'objet d'études récentes dans le cadre des applications aéronautiques [RUDO 00][TRIC 00a].

Dans ce chapitre, nous présenterons un bref aperçu sur les matériaux composites et leurs caractéristiques principales.

Nous étudierons ensuite les possibilités de l'utilisation de l'induction électromagnétique dans les différentes étapes du cycle de vie de ces matériaux.

Nous présenterons enfin les verrous scientifiques associés à l'étude et à la modélisation du chauffage par induction des matériaux composites.

I.2 LES MATERIAUX COMPOSITES

Les matériaux généralement utilisés dans les différentes structures (mécaniques, électriques, …) peuvent être classifiés en quatre catégories : métaux, polymères, céramiques et composites.

Les matériaux composites disposent d'atouts considérables par rapport aux matériaux traditionnels. Ils apportent de nombreux avantages fonctionnels [TRIC 00a][KIM 02], tels que :

- La possibilité d'adapter le matériau aux fonctions de la pièce,
- Une optimisation possible sur le poids et les contraintes,
- La définition de pièces multifonctionnelles et donc simplification des mécanismes,
- L'obtention de performances nouvelles telle que :
    - allégement sans concession sur d'autres propriétés,
    - tenue mécanique particulière (fatigue…),
    - résistance chimique, tenue électrique, …

Ainsi, ils permettent d'augmenter la durée de vie de certains équipements grâce à leurs propriétés mécaniques et chimiques. Ils contribuent au renforcement de la sécurité grâce à une meilleure tenue aux chocs et au feu. Ils offrent une meilleure isolation thermique ou phonique et, pour certains d'entre eux, une bonne isolation électrique. Ils enrichissent aussi les possibilités de conception en permettant d'alléger des structures et de réaliser des formes complexes, aptes à remplir plusieurs fonctions.

Dans chacun des secteurs d'application (aéronautique, automobile, ferroviaire, construction civile, construction nautique, médical, sports et loisirs, construction électrique, équipements industriels,...) ces performances remarquables sont à l'origine de plusieurs solutions technologiques innovantes [BERR 02], telles que l'allègement des structures d'avions [ILCE 03] qui permet l'amélioration de leurs performances tout en conservant d'excellentes propriétés mécaniques, la possibilité de réaliser des pièces d'automobiles plus efficaces [BROO 03] et bien d'autres applications dans les différents secteurs de l'industrie.

Malgré les possibilités d'intervenir sur leurs fonctionnalités, notons tout de même les quelques points faibles des matériaux composites tels que le vieillissement humide conduisant à une chute des propriétés, les délaminages provoqués par les chocs mécaniques et la grande sensibilité aux trous si la structure est assemblée par boulonnage ou rivetage. Ils présentent également des contraintes très fortes non résolues à ce jour en terme de recyclage.

I.2.1 Définition d'un matériau composite

On appelle de façon courante "matériau composite" un arrangement de fibres (renforts) qui sont noyées dans une matrice dont la résistance mécanique est beaucoup plus faible. La matrice assure la cohésion et l'orientation des fibres, elle permet également de transmettre les sollicitations auxquelles sont soumises les pièces. Les matériaux ainsi obtenus sont fortement hétérogènes et anisotropes.

I.2.2 Constituants des matériaux composites

Les matériaux composites sont constitués principalement :
- d'une matrice à laquelle sont ajoutés, dans certains composites, des charges et adjuvants
- d'un renfort (Figure I. 1),

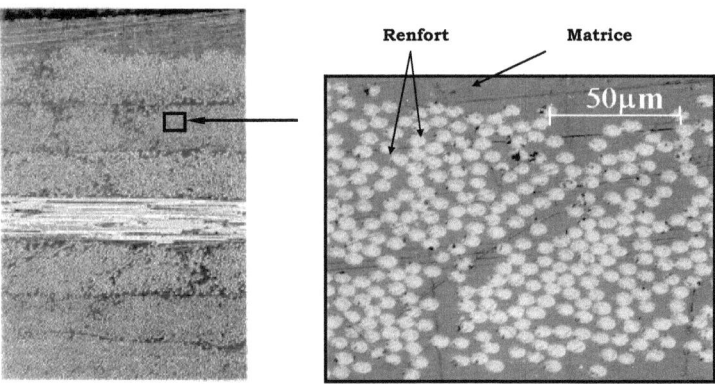

Figure I. 1 Constituants d'un matériau composite

Les propriétés physiques d'un matériau composite dépendent directement de ses différents constituants. L'imprécision sur l'orientation et la position des fibres, par exemple, lors de la fabrication du composite, augmentera les incertitudes dans l'estimation de ses propriétés physiques [TRIC 00a].

I.2.2.1 La matrice

La matrice permet de lier les fibres du renfort entre elles, et de répartir les efforts mécaniques (résistance à la compression ou à la flexion). La matrice est facilement déformable et assure la protection chimique des fibres. Généralement, c'est un polymère ou une résine organique.

Les matrices les plus employées dans les matériaux composites sont les polymères thermodurcissables et les polymères thermoplastiques.

Les matrices thermodurcissables sont des polymères qui, après un traitement thermique ou physico-chimique (catalyseur, durcisseur), se transforment en des produits essentiellement infusibles et insolubles. Ces polymères ont la particularité de ne pouvoir être mis en forme qu'une seule fois.

Les matrices thermodurcissables (TD) ont toujours contenu des charges de nature et de forme variées, à des taux souvent élevés pouvant atteindre 60 % en masse, ce qui n'est pas le cas des matrices thermoplastiques (TP). Ces charges sont généralement, sous forme d'éléments fragmentaires, en poudres ou liquide. Celles-ci permettent de modifier de manière sensible les propriétés mécaniques, électriques, magnétiques ou thermiques, d'améliorer l'aspect de surface ou bien, simplement, de réduire le prix de revient du matériau résultant.

Les matrices thermoplastiques, en revanche, peuvent être alternativement ramollies par chauffage et durcies par refroidissement dans un intervalle de température spécifique du polymère étudié. De plus, ces polymères présentent l'aptitude à l'état liquide de se mouler facilement par plasticité.

Les matériaux composites à matrice thermoplastique peuvent être donc assemblés ou recyclé par fusion. Ce qui n'est pas le cas pour les matériaux composites à matrice thermodurcissable qui sont de nature infusible. Dans le cas de la fusion, il est indispensable de connaître la température de fusion de la matrice thermoplastique.

I.2.2.2 Le renfort

Le renfort constitue l'armature ou le squelette, assurant la tenue mécanique (résistance à la traction et rigidité). Il est par définition de nature fibreux ou filamentaire. Le diamètre des fibres est d'environ 5 à 15µm.

Ce sont les renforts qui apportent l'essentiel des propriétés mécaniques d'un matériau composite. Ils sont le plus souvent d'origine organique (par exemple aramide) ou minérale (carbone, verre, bore, carbure de silicium).

On distingue différentes présentations :
- des éléments linéaires constitués de filaments continus ou non, destinés à des opérations textiles ou dans l'état,
- des éléments surfaciques (tissus, nappes, tresses),
- des éléments multidirectionnels (tissage multidirectionnel) permettant de disposer les fibres suivant les trois directions dans l'espace et non plus dans le plan,

Le renfort peut se présenter suivant deux structures distinctes:
- Les structures aléatoires,
- Les structures orientées.

La structure du renfort est l'élément le plus déterminant du degré d'anisotropie du matériau composite.

➢ Les structures aléatoires (Figure I. 2)

Les structures aléatoires sont réalisées à partir de fibres coupées ou broyées. Ces fibres sont dispersées de façon aléatoire et maintenues par un liant soluble afin d'obtenir un mat à fibres courtes. Ce type de renfort est utilisé lorsqu'on recherche une bonne résistance à la compression.

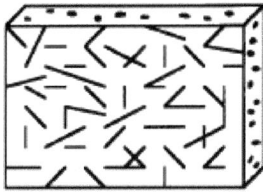

Figure I. 2 structure aléatoire

➢ Les structures orientées

Les structures orientées se divisent en deux catégories :

♦ Les structures unidirectionnelles (UD)

Dans ces structures, les fibres sont orientées dans une même direction qui sera la direction principale de contrainte (Figure I. 3). Certaines propriétés physiques, telles que les conductivités électrique et thermique, d'un pli unidirectionnel sont plus grandes dans un sens que dans l'autre.

Figure I. 3 Structure unidirectionnelle (nappe)

♦ **Les structures tissées**

Elles sont généralement obtenues par tissage (bi ou tri directionnel) ou par superposition de nappes unidirectionnelles. Les tissus diffèrent par le mode d'entrecroisement des fibres appelé armure. On distingue le satin, le serge et le taffetas [TRIC 00a][COX 97][BERR 02], (Figure I. 4). Le satin est surtout employé lorsqu'on souhaite obtenir une grande résistance mécanique, le taffetas et la serge sont les plus couramment utilisés.

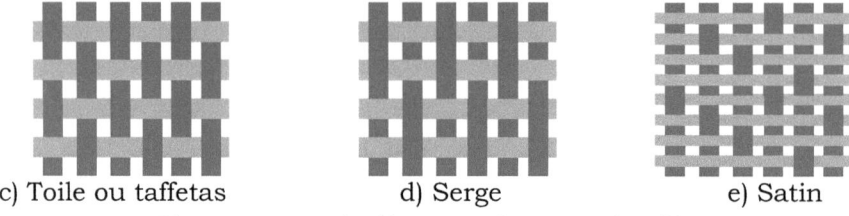

c) Toile ou taffetas   d) Serge   e) Satin

Figure I. 4 Mode d'entrecroisement des fibres

Il est également possible de réaliser des structures de renforts hybrides en tissant des fibres de natures différentes ou, en superposant des tissus ou nappes de renforts de fibres différentes.

I.2.3 Architecture du composite

Les structures des matériaux composites peuvent être classées en trois types :

- Les monocouches
- Les stratifiées
- Les sandwiches

I.2.3.1 Les monocouches

Le composite monocouche (couche élémentaire ou strate) correspond à l'unité élémentaire d'épaisseur, elle est constituée d'un ou plusieurs plis identiques (tissé, UD, mats,...) assemblés sans aucune orientation. Un pli est un semi produit de composites (fibres+matrice) présenté sous forme quasi-bidimensionnelle, feuille d'épaisseur faible (≈ 0.125 mm). On distingue, le pli UD (Le renfort est à structure UD), le pli tissé (Le renfort est à structure orienté) et le pli mat (Le renfort est à structure aléatoire).

La superposition de la monocouche dans l'ordre du plan de drapage va constituer le stratifié (Figure I. 6).

I.2.3.2 Les stratifiées

Le composite stratifié ou multicouches est un ensemble de couches empilées et orientées suivant un ordre de drapage défini et rendues solidaires par l'opération de polymérisation (Figure I. 5). Le drapage c'est l'orientation des plis par rapport à un référentiel donné. Il définit les propriétés mécaniques, électromagnétiques et thermiques globales du matériau composite.

La figure I.6 montre un exemple de plan de drapage d'un stratifié.

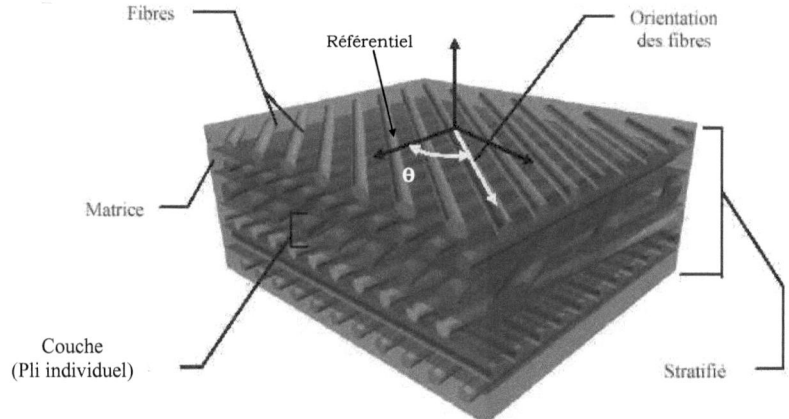

Figure I. 5 Composite stratifié

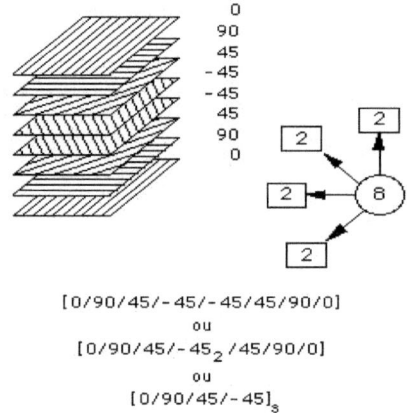

[0/90/45/-45/-45/45/90/0]
ou
[0/90/45/-45$_2$/45/90/0]
ou
[0/90/45/-45]$_s$

Figure I. 6 Exemple du plan du drapage d'un composite stratifié

Les stratifiés peuvent être de trois types :
1) *Equilibrés* : le stratifié contient autant de couches orientées suivant la direction + θ que de couches suivant la direction − θ,
2) *symétriques* : les couches du stratifié sont disposées symétriquement par rapport à un plan moyen (miroir),

3) *orthogonaux* : le stratifié comporte autant de couches à 0° que de couches à 90°.

Lorsque la symétrie miroir est réalisée, elle entraîne la symétrie des contraintes et empêche ainsi l'apparition des déformations d'ensembles de la pièce (voilement, gauchissement) [GAY 97].

L'avantage que présentent les composites stratifiés est de permettre de créer des matériaux aux propriétés mécaniques orientées de manière optimale afin de mieux répondre aux sollicitations de la structure.

I.2.3.3 Les sandwichs

Les sandwichs sont des matériaux possédant deux peaux de grande rigidité et de faible épaisseur renfermant un cœur (âme) de forte épaisseur et de faible résistance (Figure I. 7). L'ensemble forme une structure d'une grande légèreté. Le matériau sandwich possède une bonne résistance à la flexion et est un excellent isolant thermique.

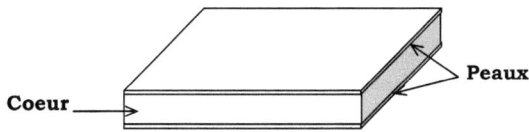

Figure I. 7 Composite sandwich

I.3 CYCLE DE VIE DES MATERIAUX COMPOSITES

Le cycle de vie d'un matériau composite est présenté sur la figure I.8.

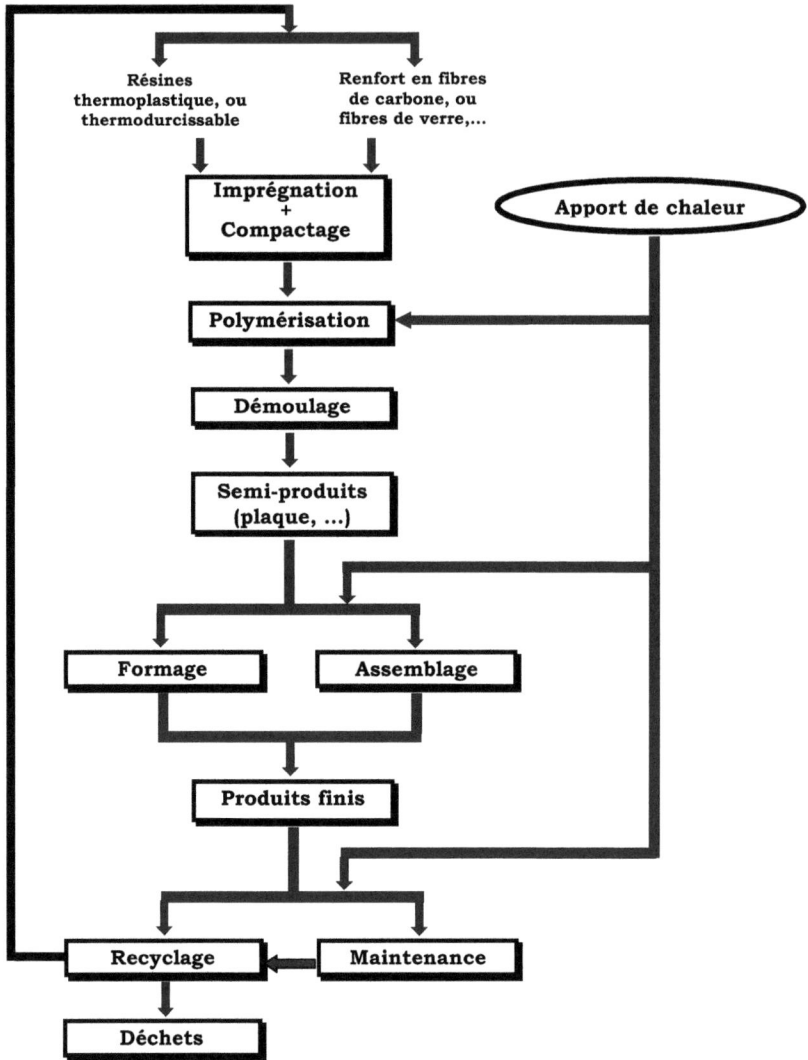

Figure I. 8 Cycle de vie d'une pièce en matériau composite

Ce cycle comprend trois étapes principales :

- La première étape est la mise en œuvre du matériau qui peut être réalisé, en fonction du type de produit final souhaité, par différents procédés tels que le moulage, la pultrusion, l'enroulement filamentaire, etc. Il est obtenu alors des produits finis ou des semi-produits.
- Ces derniers sont ensuite transformés en produits finis après l'étape de formage et/ou d'assemblage.
- Les pièces en composites sont sujettes à l'usure et à la fatigue. Celles-ci passent alors soit par les services de maintenance pour réparations, soit par la déchetterie pour recyclage.

I.3.1 Fabrication des semi-produits

Les procédés de mise en œuvre des matériaux composites sont plus nombreux que les techniques de transformation des métaux ; toutefois leur industrialisation est encore récente ce qui engendre de nombreuses difficultés quant à la prédictibilité des résultats. La mise en oeuvre des composites peut être réalisée par différents procédés. Parmi ces procédés on peut distinguer principalement deux familles :

- Procédés ne nécessitant aucun apport de chaleur, tel que le moulage par projection simultanée (Figure I.9).

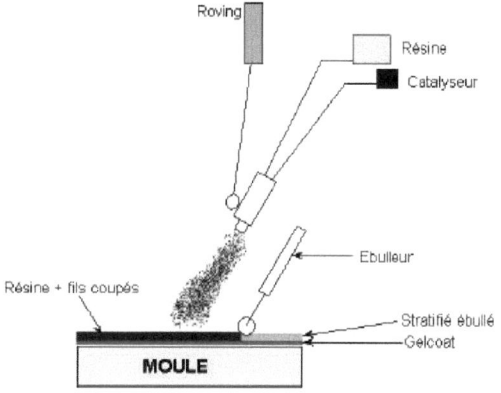

Figure I. 9 Moulage par projection simultanée

- Procédés nécessitant un apport de chaleur, tel que le moulage par injection de préimprégné (Figure I. 10).

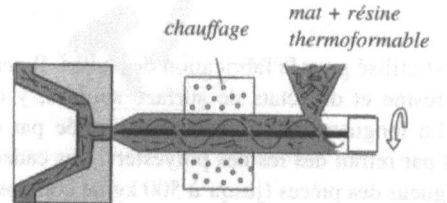

Figure I. 10 Moulage par injection de préimprégné [GAY 97]

I.3.2 Formage des pièces en composites

Le formage des pièces en composites peut être réalisé soit durant la phase d'élaboration soit séparément à partir d'un semi-produit. C'est le cas par exemple du procédé par estampage décrit sur la figure I. 11.

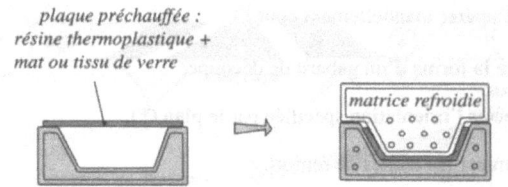

Figure I. 11 Formage par estampage [GAY 97]

Dans ce procédé, la plaque à former doit être chauffée avant application de l'outillage.

I.3.3 Assemblage

Une structure idéale est une structure qui n'a aucun joint ou élément assemblé. En effet, les joints constituent généralement les sources de faiblesses et d'augmentation du poids de la structure [ROBE 05][AVIL 04]. En règle générale, les structures composites dans les différents secteurs industriels sont complexes et ne peuvent être fabriquées en une seule opération. Elles sont réalisées à partir de pièces élémentaires de même ou de différentes natures, en utilisant des techniques d'assemblage.

Les techniques d'assemblage appliquées aux matériaux composites, peuvent être classées en trois grandes catégories [ROBE 05][MARC 02]:

- Assemblage par maintien mécanique, tel que le boulonnage (Figure I. 12a),
- Assemblage par collage, (Figure I. 12b),
- Assemblage par fusion d'interface (Figure I. 12c).

 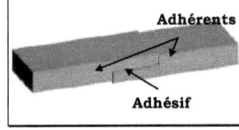 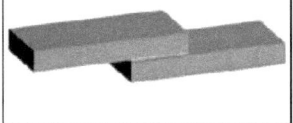

a) Lien mécanique (Boulonnage)   b) Collage   c) soudage

Figure I. 12 Méthodes d'assemblage

Les deux premières techniques ne nécessitent pas d'apport de chaleur, contrairement à l'assemblage par fusion dans laquelle l'apport en chaleur est indispensable.

I.3.4 Maintenance des pièces en composites

Les défauts les plus fréquemment observés dans les matériaux composites sont le délaminage ou la déconsolidation des plis. Il peut y avoir également le vieillissement prématuré des matériaux ou encore la rupture ou la fragilisation des renforts après un choc mécanique. Dans le dernier cas, la pièce est irréparable et elle doit être souvent remplacée. Par contre, dans le cas du délaminage ou de la déconsolidation, le matériau peut retrouver son intégrité par une mise en pression et un apport de chaleur (uniquement pour les matériaux thermoplastiques).

I.3.5 Recyclage des matériaux composites

Les matériaux composites n'étant pas biodégradables, la durée de vie de leurs déchets est très importante. Il est donc nécessaire de mettre en place des filières de recyclage de ces matériaux. Un cadre législatif dans le secteur automobile est actuellement mis en place [BERR 02].
Le problème de recyclage est le frein principal au développement de la filière composite. Il est donc indispensable de trouver des solutions opérationnelles et économiquement viables pour le traitement ou la revalorisation des déchets composites.

La figure I.13 illustre les technologies envisagées pour le recyclage des matériaux composites, où un apport de chaleur est souvent nécessaire.

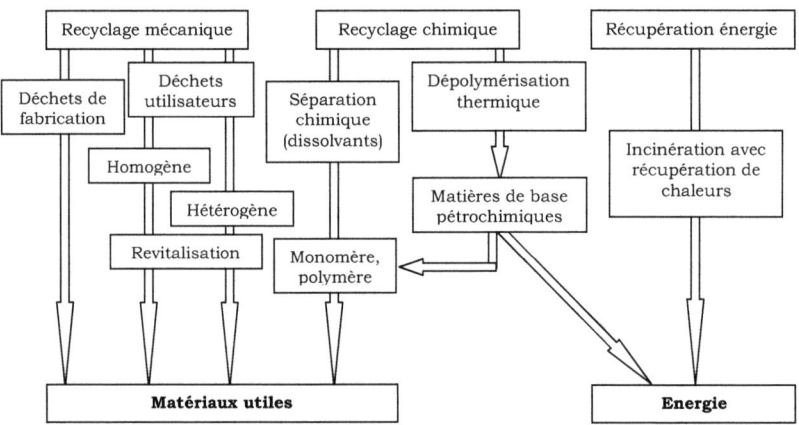

Figure I. 13 Etapes de recyclage des matériaux composites

I.4 Induction et le cycle de vie des matériaux composites

Dans la plupart des phases décrites précédemment, un apport de chaleur est souvent nécessaire. Celui-ci est actuellement produit par transfert thermique depuis la surface extérieure du matériau (les patins chauffants, fluides caloporteurs, autoclave, ...). Généralement ces procédés présentent des temps de cycle élevés car, il faut laisser à la chaleur la possibilité de diffuser dans le volume. De plus, le temps de cycle étant uniquement fonction des propriétés physiques et de la géométrie du matériau, il n'est pas contrôlable par le procédé de chauffage. Ces contraintes se traduisent par des pertes de productivité.

L'induction présente une technique alternative pour apporter de la chaleur dans le matériau composite. On peut ainsi chauffer les moules métalliques en un temps plus court, mais on peut surtout chauffer directement le matériau si le renfort est conducteur électrique.

Les principaux avantages de l'induction sont :

- ❖ Chauffage à cœur ou en surface selon la fréquence du générateur,
- ❖ Absence de contact permettant une élaboration au défilé,
- ❖ Chauffage global ou localisé,
- ❖ Forte densité de puissance transmise,
- ❖ Adaptation de la forme de l'inducteur à la charge,

Nous allons à présent développer le procédé de chauffage par induction dans le cadre des matériaux composites.

I.4.1 Le principe

Le chauffage par induction fait partie des techniques électrothermiques qui permettent de chauffer les matériaux conducteurs d'électricité, sans contact direct avec la source d'énergie électrique alternative. Celui-ci consiste à plonger le corps à chauffer dans un champ électromagnétique variable dans le temps, et à dissiper sous forme de chaleur l'énergie injectée dans la charge (Figure I. 14) [DEVE 00a].

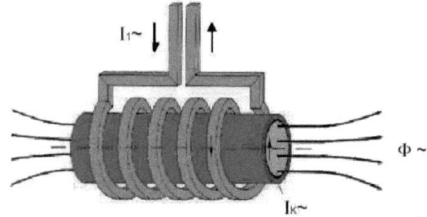

Figure I. 14 Principe du chauffage par induction

I.4.2 Installation du chauffage par induction

Une installation de chauffage par induction comprend généralement [DEVE 00a] (Figure I.15):
- En aval, le réseau électrique.
- En amont :
  - ➢ Un convertisseur statique qui permet de créer les courants électriques aux fréquences souhaitées.
  - ➢ Un adaptateur d'impédance pour l'ajustement des tensions et des fréquences.
  - ➢ Un inducteur ou plusieurs qui génèrent le champ électromagnétique.
  - ➢ La charge (matériau conducteur) à chauffer (Figure I.15).

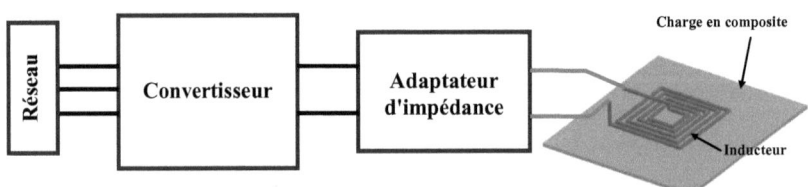

Figure I. 15 Schéma général d'une installation de chauffage par induction

Le convertisseur, le coffret d'adaptation et l'inducteur sont souvent refroidis par un passage régulier d'eau.

I.4.3 Maîtrise du chauffage par induction des matériaux composites

La maîtrise du procédé de chauffage par induction repose essentiellement sur :

- l'adaptation de la fréquence à la géométrie et au type de chauffage,
- la forme de l'inducteur,
- la connaissance précise des propriétés physiques des matériaux à chauffer.

Etant donné la multiplicité des phénomènes mis en jeux dans le procédé et la complexité des géométries des matériaux composites, la maîtrise du procédé nécessitera l'utilisation d'un outil numérique de simulation.

I.4.3.1 Fréquence du générateur (*f*)

La fréquence caractérise la répartition des courants induits dans la charge. Plus la fréquence augmente, plus les courants induits et donc la puissance induite se concentrent en surface. Cette notion fondamentale est déterminée par la profondeur de pénétration, appelée aussi "épaisseur de peau" symbolisée par δ. Elle est donnée par la formule suivante :

$$\delta = \sqrt{\frac{1}{\pi \cdot f \cdot \sigma \cdot \mu}} \qquad (I-1)$$

Où, f est la fréquence du générateur, σ est la conductivité électrique de la charge et μ sa perméabilité magnétique.

La fréquence du générateur et la profondeur de pénétration fournissent des paramètres de commande supplémentaires pour adapter le chauffage à la géométrie du matériau et à la nature de l'application.

Les figures I.16 et I.17 montrent l'importance de la profondeur de pénétration et donc la fréquence du générateur pour obtenir un chauffage homogène dans une plaque composite. En effet le chauffage par contact est caractérisé par un flux de chaleur imposé à la surface, alors que l'induction permet à la fois un chauffage surfacique et volumique. On obtient alors un profil de température plus homogène par induction qu'avec un chauffage par contact.

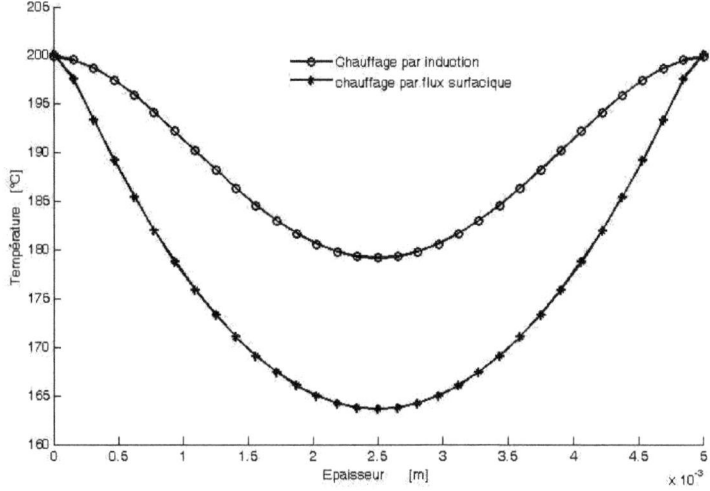

Figure I. 16 Profil de température dans l'épaisseur de la plaque

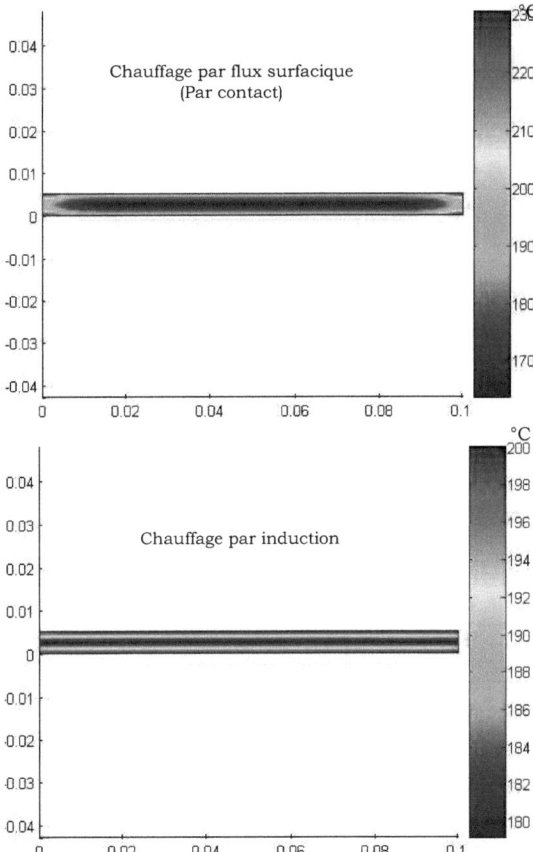

Figure I. 17 Carte de températures dans l'épaisseur de la plaque (fréquence = 100kHz, épaisseur de la plaque = 5mm, temps de chauffe de 50 s).

I.4.3.2 Géométrie de l'inducteur

La géométrie ou la forme de l'inducteur dépend essentiellement de la géométrie de la pièce à chauffer, du type d'application (traitement superficiel, réchauffage avant formage, soudage...) et de la répartition du chauffage souhaité. L'inducteur peut facilement épouser la forme de la charge et introduire ainsi une fabrication aisée des pièces complexes (Figure I. 18). Cette faculté d'adaptation permet également d'effectuer un chauffage localisé ou ponctuel. Ce type de chauffage est particulièrement adapté au traitement des délaminages locaux dans les composites à fibres conductrices (Figure I. 19).

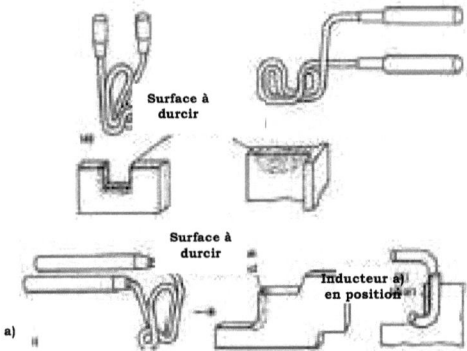

Figure I. 18 Différentes formes d'inducteur pour le chauffage localisé [LOZI 69]

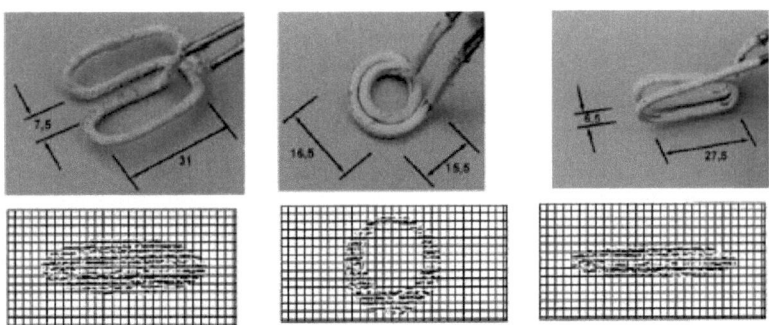

Figure I. 19 Distribution des températures pour différentes formes d'inducteurs [RUDO 00]

I.4.3.3 Propriétés physiques du matériau à chauffer

La qualité de la prédiction du comportement d'un système de chauffage par induction dépend de la connaissance précise des propriétés physiques du matériau à chauffer.

On distingue deux familles de propriétés physiques :

• Les propriétés électromagnétiques

Ces propriétés sont la perméabilité magnétique (μ) et la conductivité électrique (σ). Ces paramètres ont une influence directe sur le procédé. Dans la plupart des cas, la matrice et les renforts sont des matériaux amagnétiques. La perméabilité magnétique considérée sera alors celle du vide.

• Les propriétés thermiques

Ces propriétés sont la conductivité thermique (λ), la masse volumique et la chaleur spécifique. Dans le cas de la fusion, la chaleur latente devra être également identifiée. Ces paramètres sont aussi des facteurs déterminants du procédé.

I.5 OUTIL DE SIMULATION

Le procédé de chauffage par induction est régi par les deux phénomènes physiques électromagnétique et la thermique. L'outil de simulation doit alors traiter les équations électromagnétiques et de transfert de chaleur ainsi que le couplage entre elles.

I.5.1 Contraintes de simulation

Les difficultés rencontrées dans la simulation des matériaux composites sont liées au facteur d'échelle, à l'anisotropie, à la non linéarité des propriétés physiques et au caractère tridimensionnel des phénomènes.

I.5.1.1 Facteur d'échelle

Dans la modélisation des matériaux composites, le facteur d'échelle intervient à la fois au niveau microscopique et macroscopique.

Au niveau microscopique, les matériaux composites sont constitués de renforts fibreux dont le diamètre est compris entre 5 et 15 µm (carbone). Dans une section de composite égale à 1 mm², une dizaine de milliers de fibres est présente. Dans ce cas, la simulation du matériau réel est impossible et une phase préalable d'homogénéisation sera alors nécessaire [TRIC 00a].

Au niveau macroscopique, l'épaisseur des matériaux composites auxquels nous nous intéressons est généralement comprise entre 1mm et 1cm. Quant aux autres dimensions, elles sont beaucoup plus grandes que l'épaisseur (jusqu'à quelques mètres), ce qui augmente les difficultés de la simulation numérique.

I.5.1.2 Anisotropie

L'anisotropie provient essentiellement de l'orientation du renfort et dans une moindre mesure du changement des propriétés dans le matériau composite. Elle a pour conséquence la nécessité de la prise en compte de la nature tensorielle des propriétés physiques.

I.5.1.3 Non linéarités

Les propriétés physiques des matériaux composites dépendent en général de la température. Cette dépendance est plus marquée pour les propriétés thermiques. Cette non linéarité implique une résolution itérative des équations du système.

I.5.1.4 Caractère tridimensionnel des phénomènes

La géométrie complexe des matériaux composites et l'anisotropie des propriétés ne peuvent être prises en compte que dans le cadre d'une modélisation tridimensionnelle.

I.5.2 Méthode de résolution

Les équations régissant les phénomènes physiques dans le procédé de chauffage par induction sont des équations aux dérivées partielles. La résolution analytique de ces équations dans une géométrie complexe telle que celle des matériaux composites est impossible. Il faut alors avoir recours aux méthodes de résolution numérique. La méthode adoptée dans le cadre de notre travail sera celle des éléments finis d'arêtes ou nodaux.

I.6 CONCLUSION

L'utilisation du chauffage par induction dans l'élaboration des matériaux composites présente des avantages considérables en terme de performances. La maîtrise du procédé nécessite l'utilisation d'un outil de simulation capable d'intégrer des phénomènes multi physiques complexes. Il doit prendre en compte le facteur d'échelle, l'anisotropie, la non linéarité et la nature tridimensionnelle de l'application. La qualité des résultats de simulation est directement liée à la connaissance précise des propriétés physiques du matériau composite. Dans les prochains chapitres nous introduirons les différents aspects de cet outil et nous préciserons notre apport pour faciliter le calcul et pour fiabiliser l'outil de simulation.

Chapitre II : Outils et modèles mathématiques

II.1 introduction 38
II.2 Modelisation electromagnetique 39
    II.2.1 Formulation locale du problème électromagnétique 39
        II.2.1.1 Equations de Maxwell 40
        II.2.1.2 Relations constitutives 41
        II.2.1.3 Conditions de passage 42
        II.2.1.4 Quelques écritures simplifiées des équations 42
    II.2.2 Formulation du problème 43
        II.2.2.1 Formulation dans les régions conductrices 43
        II.2.2.2 Formulation dans les régions non conductrices 46
        II.2.2.3 Prise en compte des régions minces conductrices 49
        II.2.3.4 Choix de la formulation 52
        II.2.2.5 Formulation éléments coques généralisés pour une plaque conductrice 53
II.3 Modélisation thermique 55
II.4 Homogénéisation des materiaux composites 58
    II.4.1 Méthodes prédictives d'homogénéisation 59
        II.4.1.1 Méthode du développement asymptotique 61
        II.4.1.2 Méthode d'homogénéisation dynamique 63
        II.4.1.3 Méthode du problème inverse 66
        II.4.1.4 Comparaison des méthodes d'homogénéisation prédictives .. 67
    II.4.2 Méthode d'homogénéisation expérimentale 68
II.5 Logiciel de simulation 73
II.6 Conclusion 74

II.1 Introduction

Dans le chapitre précèdent, nous avons présenté l'intérêt de l'induction dans le cycle de vie des matériaux composites. Cette application est à la fois l'objet de phénomènes électromagnétiques et thermiques.

La maîtrise de ce procédé nécessite une modélisation mathématique de ces différents phénomènes que nous allons développer dans ce chapitre.

Le modèle électromagnétique s'obtient à partir des équations de Maxwell associées aux lois constitutives des matériaux et des conditions aux limites. Afin de faciliter la résolution des équations aux dérivées partielles obtenues, elles sont formulées à l'aide de différentes variables d'état.

La présence de régions minces dans le système est une contrainte supplémentaire qui nécessite l'utilisation de techniques particulières.

Le modèle thermique s'obtient à partir de l'équation de transfert de la chaleur à laquelle il faut rajouter les conditions d'échanges avec le milieu extérieur.

Les propriétés physiques dans ces deux modèles sont non linéaires, anisotropes et de nature tensorielle. Les modèles électromagnétique et thermique sont dans notre cas fortement couplés.

De plus, le problème d'échelle au niveau microscopique impose une phase préalable d'homogénéisation. Le matériau sera alors remplacé par un matériau équivalent homogène qui possèdera un comportement se rapprochant au mieux du matériau réel. Les principales techniques d'homogénéisation adaptées à cette problématique seront développées dans ce chapitre.

Enfin, nous présenterons l'architecture du logiciel utilisé pour modéliser le chauffage par induction des matériaux composites en précisant notre contribution dans le cadre de ce travail.

II.2 Modélisation électromagnétique

Les phénomènes électromagnétiques dans le chauffage par induction sont régis par les équations de Maxwell. Ces équations sont associées aux lois constitutives des matériaux afin de connaître d'une manière complète les grandeurs physiques du problème.

II.2.1 Formulation locale du problème électromagnétique

La figure II.1 représente le domaine de résolution du problème électromagnétique. Le domaine global (Ω) est composé de régions conductrices, non conductrices magnétiques ou amagnétiques et de sources de courant. Des conditions aux limites seront imposées sur la frontière Γ.

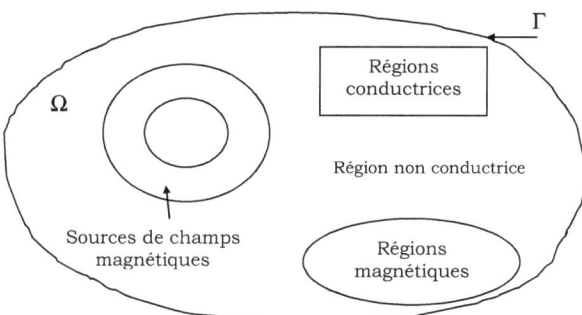

Figure II. 1 Domaine d'étude

Dans ce type de problème, les répartitions spatiale et temporelle du champ électrique **E** et du champ magnétique **H** sont recherchées dans tout le domaine Ω.

Si le système étudié présente des symétries ou des périodicités géométriques, il est possible de réduire l'étude à une partie du domaine.

II.2.1.1 Equations de Maxwell

Les phénomènes électromagnétiques variables dans le temps et dans l'espace sont régis par les quatre équations générales locales de Maxwell :

$$\mathbf{rot\ H} = \mathbf{J} + \frac{\partial \mathbf{D}}{\partial t} \qquad \text{(II- 1)}$$

$$\mathbf{rot\ E} = -\frac{\partial \mathbf{B}}{\partial t} \qquad \text{(II- 2)}$$

$$\text{div } \mathbf{D} = \rho \qquad \text{(II- 3)}$$

$$\text{div } \mathbf{B} = 0 \qquad \text{(II- 4)}$$

Avec :

    H : Champ magnétique [A/m]
    E : Champ électrique [V/m]
    B : Induction magnétique [T]
    D : Induction électrique [C/m^2]
    J : Densité du courant [A/m^2]
    ρ : Densité volumique des charges électriques [C/m^3]

Les lois Maxwell-Ampère (II-1) et Maxwell-Faraday (II-2) expriment le couplage entre les grandeurs électriques et magnétiques.

II.2.1.2 Relations constitutives

Les équations précédentes sont associées aux relations constitutives (lois de comportements) des matériaux. Le comportement magnétique est exprimé par la relation suivante:

$$\mathbf{B} = \mu \cdot \mathbf{H} \tag{II-5}$$

Avec,

$$\mu = \mu_0 \mu_r \tag{II-6}$$

Où μ_0 est la perméabilité du vide et μ_r est la perméabilité relative du milieu qui peut dépendre ou non de H.

En l'absence de déplacement des charges, la forme locale de la loi d'Ohm s'écrit:

$$\mathbf{J} = [\sigma] \cdot \mathbf{E} + [\varepsilon] \frac{\partial \mathbf{E}}{\partial t} \tag{II-7}$$

Où $[\sigma]$ et $[\varepsilon]$ sont respectivement les tenseurs de conductivité et de permittivité électriques qui dans le cas des matériaux anisotropes s'écrivent :

$$[\sigma] = \begin{pmatrix} \sigma_{xx} & \sigma_{xy} & \sigma_{xz} \\ \sigma_{yx} & \sigma_{yy} & \sigma_{yz} \\ \sigma_{zx} & \sigma_{zy} & \sigma_{zz} \end{pmatrix} \quad [\varepsilon] = \begin{pmatrix} \varepsilon_{xx} & \varepsilon_{xy} & \varepsilon_{xz} \\ \varepsilon_{yx} & \varepsilon_{yy} & \varepsilon_{yz} \\ \varepsilon_{zx} & \varepsilon_{zy} & \varepsilon_{zz} \end{pmatrix} \tag{II-8}$$

De l'équation (II-1) et (II-3) on peut déduire que la densité de courant est à flux conservatif :

$$\text{div } \mathbf{J} + \frac{\partial \boldsymbol{\rho}}{\partial t} = 0 \tag{II-9}$$

II.2.1.3 Conditions de passage

Lors du passage d'un milieu 1 à un milieu 2, les grandeurs de champs subissent des discontinuités et, ne sont pas différentiables. Les relations entre les grandeurs électromagnétiques à l'interface, dites relations de transmission, s'écrivent alors :

$$(\mathbf{D}_2 - \mathbf{D}_1) \cdot \mathbf{n} = \rho_s \tag{II-10}$$

$$(\mathbf{B}_2 - \mathbf{B}_1) \cdot \mathbf{n} = 0 \tag{II-11}$$

$$(\mathbf{H}_2 - \mathbf{H}_1) \times \mathbf{n} = \mathbf{J}_s \tag{II-12}$$

$$(\mathbf{E}_2 - \mathbf{E}_1) \times \mathbf{n} = \mathbf{0} \tag{II-13}$$

Avec ρ_s la densité surfacique de charge, $\mathbf{J}_s$ la densité surfacique de courant et $\mathbf{n}$ le vecteur unitaire normal dirigé vers l'extérieur du milieu 1.

II.2.1.4 Quelques écritures simplifiées des équations

Dans le cadre de notre travail, quelques simplifications sont possibles sur les lois de comportement. Les charges volumiques sont négligées ($\rho=0$). (II-9) devient alors :

$$\text{div } \mathbf{J} = \mathbf{0} \tag{II-14}$$

De plus, si les composantes de champs $\mathbf{E}$, $\mathbf{H}$, $\mathbf{B}$ et de courants $\mathbf{J}$ ont une dépendance sinusoïdale du temps, tel que :

$$X = X(r)e^{i\omega t} \tag{II-15}$$

la dérivée par rapport au temps sera remplacée par :

$$\frac{\partial X}{\partial t} = -i\omega X \tag{II-16}$$

l'équation (II-7) devient alors :

$$\mathbf{J} = ([\sigma] + j\omega[\varepsilon]) \cdot \mathbf{E} \qquad \text{(II- 17)}$$

Pour simplifier l'écriture nous intégrons le terme $j\omega[\varepsilon]$ dans le terme $[\sigma]$.

II.2.2 Formulation du problème

La combinaison entre les équations de maxwell, les relations constitutives et les relations de passage permet de formuler le problème électromagnétique suivant différentes variables d'états.

II.2.2.1 Formulation dans les régions conductrices

Les phénomènes électromagnétiques dans les régions conductrices du domaine d'étude sont régis par les équations de la magnétodynamique. Les formulations généralement utilisées pour exprimés l'équation finale à résoudre s'appuient sur des formulations en potentiel vecteur magnétique **A** ou champ électrique **E** et les formulations en champ magnétique **H** ou potentiel vecteur électrique **T**.

♦ **Formulation en A-V** [BIRO 89]

Dans ce type de formulation, le champ électrique **E** est exprimé en fonction de potentiels. Le potentiel vecteur magnétique est issu de l'hypothèse que l'induction est à flux conservatif on a alors :

$$\mathbf{B} = \mathbf{rot}\ \mathbf{A} \qquad \text{(II- 18)}$$

L'équation de Maxwell-Faraday (II-2) implique l'existence d'un potentiel scalaire électrique V tel que :

$$\mathbf{E} = -\frac{\partial \mathbf{A}}{\partial t} - \mathbf{grad}\ V \qquad \text{(II- 19)}$$

La densité de courant (II-17) s'écrit alors:

$$\mathbf{J} = -[\sigma] \cdot \left(\frac{\partial \mathbf{A}}{\partial t} + \mathbf{grad}\ V \right) \qquad (\text{II-}20)$$

La continuité des potentiels **A** et V implique la continuité de la composante normale de l'induction magnétique et de la composante tangentielle du champ électrique. Par contre il faut assurer la continuité de la composante tangentielle du champ magnétique à l'interface de milieux de perméabilités différentes, et la continuité de la composante normale de la densité de courant à l'interface de milieux de conductivités différentes. Ces deux conditions sont naturellement imposées par la formulation éléments finis [BOUI 00].

En remplaçant le champ magnétique **H** et la densité de courant **J** par leurs expressions en fonction de **A** et V, la forme locale du théorème d'Ampère (II-17) s'écrit :

$$\mathbf{rot}\left(\frac{1}{\mu}\ \mathbf{rot}\ \mathbf{A} \right) + [\sigma] \cdot \left(\frac{\partial \mathbf{A}}{\partial t} + \mathbf{grad}\ V \right) = \mathbf{0} \qquad (\text{II-}21)$$

Pour assurer l'unicité de **A**, il faut imposer une condition de jauge supplémentaire appelée condition de passage.
Dans le cadre des éléments nodaux, il est souvent fait appel à la jauge de Coulomb (div **A** = 0) ou la jauge de Lorenz (div **A** = -µσV).
Dans le cadre des éléments d'arête, la jauge est souvent imposée par annulation du terme **A.W** sur tous les segments appartenant à un arbre qui s'appuie sur le maillage. On trouve également des résolutions de système sans jauge, où celle-ci est satisfaite par les méthodes d'inversions itératives [REN 96].

♦ Formulation en H

L'équation à résoudre est directement donnée par les équations (II-1), (II-2), (II-5) et (II-17) comme suit :

$$\mathbf{rot}\left([\sigma]^{-1}(\mathbf{rot\ H})\right) + \mu \frac{\partial \mathbf{H}}{\partial t} = 0 \qquad (II\text{- }22)$$

La formulation en **H** a pour avantage d'avoir une solution unique si les conditions aux limites imposées sont adéquates, et donc ne nécessite aucune condition de jauge. La continuité de la composante tangentielle du champ **H** est assurée dans le cadre d'une formulation en éléments d'arêtes [BOSS 83][YU 95].

♦ Formulation en T-Φ

Comme la densité de courant induite est à divergence nulle, un potentiel vecteur électrique, noté **T**, peut être introduit tel que :

$$\mathbf{J} = \mathbf{rot\ T} \qquad (II\text{- }23)$$

L'équation (II-14) implique aussitôt :

$$\mathbf{H} = \mathbf{T} - \mathbf{grad}\ \Phi \qquad (II\text{- }24)$$

Où Φ est le potentiel scalaire magnétique.

L'équation à résoudre se déduit en remplaçant **H** et **J** par **T** et Φ dans (II-2) :

$$\mathbf{rot}\left([\sigma]^{-1}\mathbf{rot\ T}\right) + \mu \frac{\partial}{\partial t}(\mathbf{T} - \mathbf{grad}\ \Phi) = 0 \qquad (II\text{- }25)$$

La continuité de **T** et Φ implique la continuité de la composante normale de **J** et la composante tangentielle de **H**. Par contre il faut assurer la continuité de la composante normale de **B** à l'interface de milieux de perméabilités différentes, et la continuité de la composante tangentielle de **E** à l'interface de milieux de conductivités différentes.

A cette formulation est associée aussi une condition de jauge, de même type que celle imposée dans la formulation en **A**-V, qui permet d'assurer l'unicité de la solution **T**.

♦ **Formulation en E**

La formulation en champ électrique s'obtient en faisant la dérivée de l'équation Maxwell-Ampère (II-1) par rapport au temps :

$$\mathbf{rot}\left(\frac{1}{\mu}(\mathbf{rot}\,\mathbf{E})\right) + [\sigma]\frac{\partial \mathbf{E}}{\partial t} = 0 \qquad (\text{II-26})$$

II.2.2.2 Formulation dans les régions non conductrices

Dans les régions non conductrices du domaine d'étude (Ω), il ne se développe pas de courants induits. Les phénomènes électromagnétiques dans ces régions sont régis par les équations de la magnétostatique. Les formulations utilisant le potentiel vecteur magnétique et le potentiel scalaire magnétique, sont adoptées dans ce cas.

♦ **Formulation en A**

Dans ce cas le champ électrique n'intervient pas, l'équation à résoudre est alors :

$$\mathbf{rot}\left(\frac{1}{\mu}\,\mathbf{rot}\,\mathbf{A}\right) = \mathbf{J_s} \qquad (\text{II-27})$$

Où, $\mathbf{J_s}$ est la densité du courant source.

♦ Formulation en potentiel scalaire magnétique (H-Φ et H-$Φ_r$)

Dans les régions où il n'y a pas de courants sources, l'équation (II-1) peut s'écrire :

rot H = **0** (II- 28)

H dérive alors d'un potentiel scalaire (Φ), tel que :

H = - **grad** Φ (II- 29)

La formulation **H**-Φ en potentiel scalaire magnétique s'obtient en remplaçant, **H** par son expression (II-29) dans (II-5) et en remplaçant l'expression de **B** obtenue dans (II-4) :

$$\text{div}[\mu(-\mathbf{grad}\ \Phi)] = 0 \qquad (II\text{-}30)$$

La continuité du potentiel scalaire magnétique (Φ) implique la continuité de la composante tangentielle du champ magnétique. Par contre il faut vérifier la continuité de la composante normale du vecteur induction magnétique à l'interface entre deux régions de perméabilité différentes, par la relation :

$$\mu_1(-\mathbf{grad}\ \Phi_1)\cdot \mathbf{n} = \mu_2(-\mathbf{grad}\ \Phi_2)\cdot \mathbf{n} \qquad (II\text{-}31)$$

Où **n** est le vecteur normal à l'interface.

L'inconnue étant un scalaire, cette formulation est plus intéressante que la formulation en potentiel vecteur pour les régions non conductrices. Cependant elle ne s'applique pas aux régions où des courants sont présents.

Néanmoins, une variante de cette formulation permet de prendre en compte ces courants. Celle-ci est usuellement appelée la formulation en potentiel magnétique réduit. Son principe se base sur la décomposition du champ magnétique **H** en deux parties, tel que :

$$\mathbf{H} = \mathbf{H_j} + \mathbf{H_r} \tag{II-32}$$

Avec :

$\mathbf{H_j}$: champ source, champ créé par l'inducteur s'il était seul (à vide).

$\mathbf{H_r}$: champ crée par la réaction des parties magnétiques et conductrices lorsqu'elles sont soumises au champ source $\mathbf{H_j}$.

$\mathbf{H_j}$ est donné en tout point L, par la formule de Biot et Savart :

$$\mathbf{H_j}(L) = \iiint_\Omega \frac{1}{4\pi} \cdot \mathbf{J_s} \times \frac{\mathbf{LL'}}{|\mathbf{LL'}|^3} \cdot d\Omega \tag{II-33}$$

Où L′ est un point situé dans la région de l'inducteur.

La forme locale du théorème d'Ampère (II-1) s'écrit alors :

$$\mathbf{rot}(\mathbf{H_j} + \mathbf{H_r}) = \mathbf{J_s} \tag{II-34}$$

Le champ source $\mathbf{H_j}$ vérifie le théorème d'Ampère, alors que le champ de réaction $\mathbf{H_r}$ est à rotationnel nul :

$$\mathbf{rot}(\mathbf{H_j}) = \mathbf{J_s} \tag{II-35}$$

$$\mathbf{rot}(\mathbf{H_r}) = \mathbf{0} \tag{II-36}$$

La relation (II-36) implique que $\mathbf{H_r}$ dérive d'un potentiel scalaire magnétique Φ_r :

$$\mathbf{H_r} = -\mathbf{grad}\, \Phi_r \tag{II-37}$$

L'expression (II-32) du champ magnétique **H** s'écrit alors :

$$\mathbf{H} = \mathbf{H_j} - \mathbf{grad}\, \Phi_r \tag{II-38}$$

L'équation à résoudre dans ce cas est :

$$\text{div}[\mu(\mathbf{H_j} - \mathbf{grad}\ \Phi_r)] = 0 \qquad \text{(II- 39)}$$

La continuité de Φ_r implique la continuité de la composante tangentielle de **H**. En revanche, il faut assurer la continuité de la composante normale de l'induction **B** par la relation suivante :

$$\mu_1(\mathbf{H_j} - \mathbf{grad}\ \Phi_{r1}) \cdot \mathbf{n} = \mu_2(\mathbf{H_j} - \mathbf{grad}\ \Phi_{r2}) \cdot \mathbf{n} \qquad \text{(II- 40)}$$

Où **n** est le vecteur normal à l'interface.

La formulation en potentiel scalaire magnétique (total ou réduit) paraît très attractive, surtout quand les systèmes à modéliser ne comportent pas de régions conductrices multiplement connexes. Le nombre d'inconnues est réduit de manière considérable, ce qui permet de réduire le temps de résolution ainsi que le coût de simulation.

La formulation en potentiel scalaire réduit est moins précise dans les régions ferromagnétiques où la perméabilité est élevée ($\mu_r > 100$) et dans les régions où le champ magnétique est très atténué (écran électromagnétique). La solution est d'utiliser le potentiel scalaire total dans ces régions [GUER 94].

II.2.2.3 Prise en compte des régions minces conductrices [ABAK 01][GUER 94][KRAH 93]

Dans la modélisation 3D, lorsque la dimension d'une région est très faible par rapport à ses autres dimensions, celle-ci est appelée "région mince".

Le maillage des régions minces en trois dimensions conduit, du fait des faibles épaisseurs, à un nombre très important d'inconnues. De ce fait, la modélisation des problèmes électromagnétiques des matériaux minces devient très difficile et demande des temps de résolution prohibitifs. L'utilisation d'éléments spéciaux qui permettent la modélisation de régions minces volumiques en les remplaçant par des surfaces, est une solution très intéressante. Les phénomènes physiques qui se manifestent dans ces régions sont pris en compte dans ce cas de façon simple dans la formulation avec les éléments spéciaux.

Les matériaux auxquels nous nous intéressons dans cette étude sont anisotropes d'épaisseur très faible devant les autres dimensions. Il est alors intéressant d'utiliser les éléments spéciaux pour les modéliser. Plusieurs types d'éléments spéciaux surfaciques sont proposés dans la littérature comme les éléments d'impédance de surface, les éléments coques et les éléments coques généralisés. Dans tous les cas, la région mince est remplacée par une surface et la variation des grandeurs suivant l'épaisseur est supposée connue (exponentielle, constante ou hyperbolique).

La plupart des formulations présentées précédemment prennent en compte, sous certaines conditions, les régions minces.

Nous pouvons classer les régions minces, en fonction du rapport entre leurs épaisseurs et l'épaisseur de peau, suivant trois cas [GUER 94] :

- ♦ Epaisseur de peau très faible devant l'épaisseur de la plaque (rapport<<1),
- ♦ Epaisseur de peau comparable à l'épaisseur de la plaque (rapport≈1),
- ♦ Epaisseur de peau très supérieure à l'épaisseur de la plaque (rapport>>1).

a. Epaisseur de peau très faible devant l'épaisseur de la plaque

Dans ce cas, les méthodes numériques utilisées sont habituellement associées à la condition d'impédance de surface. Cette dernière suppose une variation exponentielle des grandeurs suivant l'épaisseur de la région mince.

Généralement, la condition d'impédance de surface est écrite en potentiel scalaire magnétique. L'extérieur de celle-ci est modélisé soit avec la méthode des intégrales de frontière [KRAH 93] soit avec la méthode des éléments finis [GUER 94].

Lorsque la région conductrice est multiplement connexe, il n'est pas possible d'utiliser la formulation en potentiel scalaire. Dans ce cas, plusieurs solutions sont proposées dans la littérature où on utilise soit le potentiel vecteur magnétique [IGAR 98], soit le potentiel vecteur électrique [RODG 91].

b. Epaisseur de peau très supérieure à l'épaisseur de la plaque

Dans ce cas, les grandeurs suivant l'épaisseur de la région mince sont considérées constantes. Plusieurs formulations sont proposées pour prendre en compte la région mince. Parmi celles-ci nous citons la formulation en A-V sans saut de potentiel [NAKA 90][GUER 94] et la formulation en A-Φ_r [BIRO 97] (Φ_r est utilisée d'un côté de la région mince et A de l'autre côté).

c. Epaisseur de peau de même ordre que l'épaisseur de la plaque

Une méthode plus générale qui prend en compte les trois cas, est proposée par Guérin [GUER 95]. Elle se base sur des éléments spéciaux appelés « éléments coques généralisés ». La variation des grandeurs suivant l'épaisseur de la région mince est supposée hyperbolique. Elle est exprimée en potentiel scalaire magnétique.

Parmi ses limitations, nous citons le problème de prise en compte des régions non simplement connexes dû à l'utilisation du potentiel scalaire.

La formulation éléments coques généralisés proposée, comme toute formulation en éléments spéciaux, se compose d'une solution numérique obtenue dans tout le domaine d'étude y compris sur les surfaces de la région mince et d'une solution analytique qui tient compte de la variation des grandeurs suivant l'épaisseur. Cette dernière est exprimée en fonction de la solution sur les surfaces limitrophes de la région mince.

II.2.3.4 Choix de la formulation

En fonction de la dimension et de la complexité du problème à traiter, le choix d'une formulation dépend des capacités numériques de résolution, de mise en œuvre et de précision. Le tableau suivant présente les avantages et inconvénients des différentes formulations (Tableau II. 1).

Tableau II. 1 Comparaison des formulations électromagnétiques

Formulations	Avantages	Inconvénients
A-V	Traitements des régions multiplement connexes	4 inconnues
T-Φ	Adaptée aux régions conductrices	- Régions multiplement connexes - 4 inconnues
H-Φ	Pas de jauge	- Régions multiplement connexes
Eléments coques généralisés	- 1 inconnue - traitement analytique des régions minces conductrices	- Régions multiplement connexes

Les matériaux utilisés dans cette étude sont des plaques de composites de grandes dimensions et de faibles épaisseurs. Dans le cadre du chauffage par induction, notre choix se porte alors naturellement vers une formulation utilisant les éléments coques généralisés. Les autres formulations sont mieux adaptées à l'homogénéisation des matériaux composites et seront présentées dans la suite de ce chapitre.

II.2.2.5 Formulation éléments coques généralisés pour une plaque conductrice

Dans tout ce qui suit l'indice r est enlevé du symbole Φ_r du potentiel scalaire réduit.

La solution analytique est donnée par l'équation suivante (annexe C):

$$\mathbf{H}_s(z) = \frac{1}{\sinh(e\gamma)}\left[\mathbf{H}_{1s} \cdot \sinh\left(\frac{e}{2}\gamma + \gamma z\right) + \mathbf{H}_{2s} \cdot \sinh\left(\frac{e}{2}\gamma - \gamma z\right)\right] \quad \text{(II- 40)}$$

Où $\mathbf{H}_{s1}$ et $\mathbf{H}_{s2}$ sont les valeurs des champs sur les surfaces extérieures de la plaque, $\gamma = \dfrac{1+j}{\delta}$ et $\delta = \sqrt{\dfrac{2}{\omega\mu\sigma}}$

Les différentes notations de la formulation éléments coques sont données par la figure II.2.

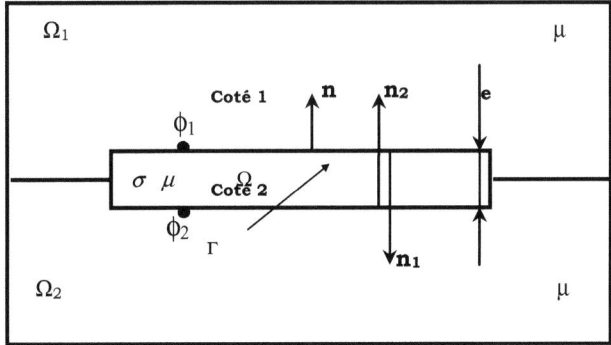

Figure II. 2 Notation du problème éléments coques

La solution sur les surfaces limitrophes de la région mince est donnée par :

$$\begin{cases} \mathbf{H}_1 = \mathbf{H}_j - \mathbf{grad}\ \Phi_1 \\ \mathbf{H}_2 = \mathbf{H}_j - \mathbf{grad}\ \Phi_2 \end{cases} \tag{II-42}$$

La solution numérique est obtenue en partant de la forme intégrale de la formulation en potentiel scalaire magnétique réduit (II-39) couplée au besoin (présence de régions de perméabilité différentes) avec la formulation en potentiel scalaire totale (II-30).

La formulation élément coque généralisée sur le côté 1 de la région mince est donnée par (annexe C):

$$\int_{\Omega_{l1}} \mu_1 \cdot \mathbf{grad}\ w \cdot \mathbf{grad}\ \Phi_1 \cdot d\Omega_1 + \frac{1}{j\omega} \int_{\Gamma} \mathbf{grad_s} w \cdot \alpha \cdot \mathbf{grad_s} \Phi_1\ d\Gamma - \\ \frac{1}{j\omega} \int_{\Gamma} \mathbf{grad_s} w \cdot \beta \cdot \mathbf{grad_s} \Phi_2\ d\Gamma = \int_{\Gamma} \mu_1 \cdot w \cdot \mathbf{H_j} \cdot \mathbf{n_1} \cdot d\Gamma + \\ \frac{1}{j\omega} \int_{\Gamma} \mathbf{grad_s} w \cdot (\alpha - \beta) \cdot \mathbf{H_j} \cdot d\Gamma \tag{II-43}$$

Avec : $\quad \alpha = \dfrac{\mu}{\gamma \cdot \tanh(\gamma e)}\ $ et $\ \beta = \dfrac{\mu}{\gamma \cdot \sinh(\gamma e)}$

La formulation élément coque généralisée du côté 2 (région Ω_2) est donnée par la relation (II-43) après permutation entre les indices 1 et 2. Et en annulant les termes dûs au champ source $\mathbf{H_j}$ dans l'équation (II-43), nous obtenons la formulation en potentiel scalaire magnétique total dans le domaine d'étude.

Les conditions d'application des éléments coques généralisés en potentiel scalaire réduit sont :
- épaisseur de la région très faible devant ses autres dimensions,

- perméabilité de la région égale à celle des régions voisines,
- non présence de régions multiplement connexe,
- si effet de peau important, le champ source doit être plutôt tangentiel à la surface de la région mince.

La formulation éléments coques généralisés développée dans [GUER 94], prend pour hypothèse que les propriétés physiques de la région mince sont de nature isotrope. Dans le cadre de notre étude, nous avons étendu cette formulation au cas des régions minces anisotropes et dont les propriétés ont une forme tensorielle. Cette étude fera l'objet du chapitre IV.

II.3 Modélisation thermique

Les formulations électromagnétiques, précédemment citées, permettent de calculer la densité de puissance issue des courants induits. Cette puissance dans le cas du chauffage par induction est le point de départ de la résolution du problème thermique [TRIC 00a][QIUG 90].

Mode de transmission de la chaleur

Les principaux modes de transmission de la chaleur en général sont la conduction, la convection et le rayonnement [MINK 04].

La conduction correspond à un transfert de chaleur entre deux points internes d'un solide sous l'influence d'un gradient de température. Elle est régie par la relation de Fourier suivante:

$$\varphi = -[\lambda]\mathbf{grad}\,(T) \qquad \text{(II- 44)}$$

Où T représente la température en Kelvin, φ le flux thermique, et $[\lambda]$ la conductivité thermique du matériau qui est sous forme tensorielle dans notre cas:

$$[\lambda] = \begin{pmatrix} \lambda_{xx} & \lambda_{xy} & 0 \\ \lambda_{yx} & \lambda_{yy} & 0 \\ 0 & 0 & \lambda_{zz} \end{pmatrix} \qquad \text{(II- 45)}$$

La conductivité thermique d'un matériau composite dépend de ses différents constituants.

Le comportement thermique du matériau est régi par le bilan calorifique suivant:

$$-\mathrm{div}(\varphi) + q = \rho \cdot C_p \frac{\partial T}{\partial t} \qquad \text{(II- 46)}$$

Où ρ est la masse volumique, C_p est la capacité calorifique, q est la densité de puissance générée (densité de puissance induite ou puissance thermique).

Le premier terme de l'équation (II-46) décrit la densité de puissance échangée dans le volume, le second la densité de puissance générée dans le volume (source de chaleur) et le dernier la variation de la densité d'énergie interne.

ρ et C_p sont aussi fonction des propriétés des différents composants du matériau composite.

Les propriétés thermiques du matériau peuvent être mesurées ou calculées avec les méthodes d'homogénéisation qui seront développées par la suite.

Les conditions aux limites, sur les frontières du domaine de résolution de l'équation (II-46), sont généralement obtenues à partir des trois conditions suivantes :

1. Température imposée (condition de Dirichlet):

$$T_f = T_0 \qquad (II\text{-}47)$$

2. Densité de flux thermique imposée (condition de Neumann):

$$-\left[\lambda\left(\frac{\partial T}{\partial \mathbf{n}}\right)\right]_s = \varphi_0 \qquad (II\text{-}48)$$

Dans le cas d'un corps thermiquement isolé, le flux thermique est nul en tout point de sa surface (surface adiabatique),

$$-\left[\lambda\left(\frac{\partial T}{\partial \mathbf{n}}\right)\right]_s = 0 \qquad (II\text{-}49)$$

3. Echanges thermiques avec le milieu ambiant (conditions de Fourier):

Ils peuvent être de deux natures :

Echanges par convection :

$$-\left[\lambda\left(\frac{\partial T}{\partial \mathbf{n}}\right)\right]_s = h \cdot (T_f - T_a) \qquad (II\text{-}50)$$

Avec h coefficient de convection exprimé en (Wm^{-2}K^{-1}), T_a est la température ambiante.

Echanges par rayonnement :

$$-\lambda\left(\frac{\partial T}{\partial \mathbf{n}}\right)_s = \varepsilon\sigma_b \cdot \left(T_f^4 - T_a^4\right) \qquad (II\text{-}51)$$

Où ε est l'émissivité et σ_b la constante de Stefan-Boltzmann (5,67e^{-8} Wm^{-2}K^{-4}).

Dans le cadre de notre travail c'est essentiellement la condition de Fourier qui est prise en compte.

II.4 Homogénéisation des matériaux composites

L'étude du comportement d'un matériau composite à l'échelle microscopique, ne peut pas être faite avec les méthodes numériques actuelles. Pour contourner cette difficulté, il est indispensable de remplacer le matériau par un matériau homogène équivalent. Pour cela, deux options sont possibles (Figure II. 3):

- L'approche multi-échelles qui consiste à définir le comportement global à l'échelle macroscopique grâce aux informations dont on dispose à une échelle microscopique [MATA 95][MATA 97][TRIC 98][TRIC 00a][TRIC 00b].
- L'approche expérimentale qui consiste à définir le comportement du matériau à partir de l'expérimentation, [ALIF 05][BENS 02][BAIL 96][JARN 02][JARN 01].

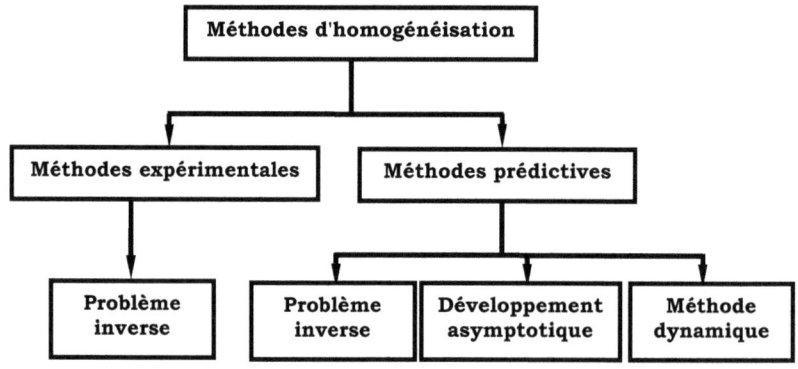

Figure II. 3 Méthodes d'homogénéisation des matériaux composites

Dans la caractérisation physique ou l'identification des paramètres il est important de connaître la structure du matériau composite et les propriétés physiques de ses constituants. Deux types de structure sont considérés. Les structures aléatoires et les structures périodiques (Figure II. 4). Pour le premier type de structure les techniques comme la méthode des moyennes, les méthodes statistiques, le problème inverse ou encore les méthodes énergétiques sont souvent les plus utilisées [HUET 80][FOUL 97]. Si le nombre de fibres par unité de surface est important, on peut remplacer un matériau à structure aléatoire par un matériau à structure régulière de même taux de remplissage [TRIC 00a]. Pour le second type, les techniques généralement associées sont, le développement asymptotique [PESQ 98][TRIC 00b], l'homogénéisation dynamique [ELFE 97], ou la méthode du problème inverse [TRIC 00a].

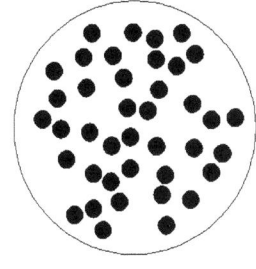 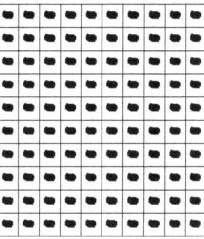

a) structure aléatoire   b) structure périodique

Figure II. 4 Exemple de structure de composite

II.4.1 Méthodes prédictives d'homogénéisation

Ces méthodes basées sur l'approche multi-échelles ont été développées notamment dans [TRIC 00a]. Elles consistent à remonter aux propriétés physiques équivalentes du matériau composite à l'échelle macroscopique à partir des propriétés de ses constituants à l'échelle microscopique. Une bonne séparation des échelles est nécessaire et indispensable pour que cette approche soit performante. En effet, dans une structure périodique multi-échelles (Figure II. 5a) les grandeurs électromagnétiques et thermiques ont des variations spatiales lentes dues à la structure globale et des variations rapides dues à la structure périodique des cellules (Figure II. 5b).

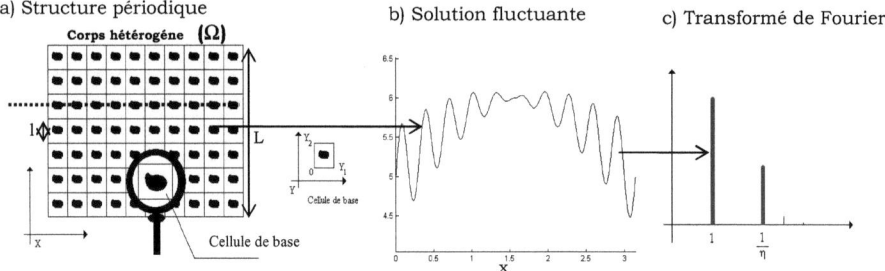

Figure II. 5 Résolution cellulaire

La transformée de Fourier spatiale de cette fonction fait apparaître deux échelles de fréquence, une lente et une rapide, relatives respectivement aux dimensions globales du système et à l'échelle des cellules élémentaires (Figure II. 5c). La technique d'homogénéisation consiste à ne retenir que la composante lente de la grandeur multi-échelles. Deux cas sont alors envisageables :

> Si la dimension des cellules élémentaires est infiniment petite devant les dimensions globales du système, la composante rapide est rejetée à l'infinie et son amplitude tend vers zéro. On utilise alors la méthode du développement asymptotique (annexe A).

> La seconde solution est d'utiliser un filtre passe bas afin d'éliminer les oscillations rapides et de ne garder que les lentes. C'est la méthode d'homogénéisation dynamique où les caractéristiques peuvent être calculées sur les cellules dont les tailles sont plus importantes que dans le cas précédent (annexe B).

II.4.1.1 Méthode du développement asymptotique

Si L est la dimension caractéristique du système global et l la dimension caractéristique de l'hétérogénéité (Figure II. 5a), la condition décrite précédemment se traduit par une relation de la forme :

$$\eta = \frac{l}{L} \langle\langle\ 1 \tag{II- 52}$$

La méthode du développement asymptotique consiste à écrire l'inconnue dans le matériau sous la forme :

$$u^\eta = u^0 + \eta u^1 + \eta^2 u^2 + \ldots \tag{II- 53}$$

Le comportement asymptotique du système est alors défini par (voir Annexe A) :

$$u^0 = \lim_{\eta \to 0} u^\eta \tag{II- 54}$$

Exemple : application à la caractérisation thermique

Les équations de diffusion thermique transitoire dans le domaine Ω occupé par le matériau étudié, s'écrivent :

$$-\text{div}(\varphi) + q = \rho \cdot C_p \frac{\partial u}{\partial t} \quad \text{avec} \quad \varphi = -[\lambda]\mathbf{grad}\,(u) \tag{II- 55}$$

Où φ est le flux thermique, u la température au point x à l'instant t, ρ la masse volumique du matériau, C_p sa chaleur spécifique, q la source de chaleur éventuelle et $[\lambda]$ le tenseur défini positive de conductivité thermique. Les propriétés physiques sont périodiques sur les cellules.

Si on introduit u^η, défini par l'équation (II-53) dans l'équation (II-54) et si on égalise les termes suivant les puissances de η, on obtient un ensemble d'équations permettant de calculer u^0, u^1... . La démarche des calculs est détaillée dans l'annexe A. La valeur homogénéisée de la conductivité thermique est obtenue par :

$$[\lambda_H] = \frac{1}{vol_{cellule}} \int_Y [[\lambda] - [\lambda]\mathbf{grad}_y(\chi)] \cdot dy \qquad \text{(II- 56)}$$

Où χ est calculée à partir de l'équation suivante :

$$\text{div}_y([\lambda]\mathbf{grad}_y \chi) = \text{div}_y([\lambda]) \qquad \text{(II- 57)}$$

La figure II.6 illustre une application de la méthode de développement asymptotique pour le chauffage d'un matériau composite avec des tailles de motif différentes. Comme prévu, la méthode donne des résultats plus précis pour les cellules plus petites.

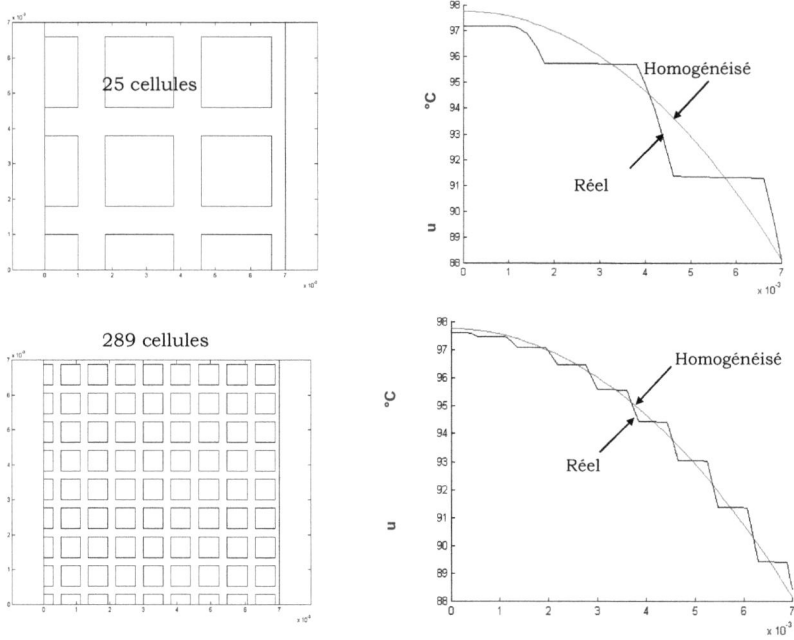

Figure II. 6 Comparaison u réel, u homogénéisé avec 25 et 289 cellules

La méthode du développement asymptotique est facile à mettre en œuvre, mais son champ d'application est limité aux matériaux à structures périodiques ayant la taille des cellules très faible. Elle est tout à fait adaptée au cas des matériaux composites.

II.4.1.2 Méthode d'homogénéisation dynamique

La méthode dynamique, largement développée dans [BOSS 96][ELFE 97][MATA 95] [MATA 97], est une méthode cellulaire basée sur le filtrage spatial des champs. Elle permet de ramener la solution globale du problème à une solution au niveau d'une cellule élémentaire.

Elle consiste à décomposer les champs en une somme de trois termes, le terme global, le terme local et le terme résiduel. L'équation ci-dessous présente cette décomposition :

$$\begin{cases} \mathbf{e} = \tilde{\mathbf{E}} + \mathbf{E}_c + \mathbf{E}_r \\ \mathbf{h} = \tilde{\mathbf{H}} + \mathbf{H}_c + \mathbf{H}_r \end{cases} \quad (\text{II- 58})$$

Où **e** et **h** sont respectivement les valeurs réelles des champs électrique et magnétique sur les cellules, $\tilde{\mathbf{E}}$ et $\tilde{\mathbf{H}}$ sont les champs lentement variables, $\mathbf{E}_c$ et $\mathbf{H}_c$ leurs composantes locales (ou cellulaires) de valeur moyenne nulle, $\mathbf{E}_r$ et $\mathbf{H}_r$ sont les champs résiduels (souvent négligés).

En supposant une variation linéaire de $\tilde{\mathbf{E}}$ et $\tilde{\mathbf{H}}$ dans la cellule élémentaire, on peut développer ces champs autour de leurs valeurs moyennes **E** et **H**.

En posant $\mathbf{e}_c = \mathbf{E} + \mathbf{E}_c$ et $\mathbf{h}_c = \mathbf{H} + \mathbf{H}_c$ et en remplaçant les expressions des champs dans les équations de Maxwell, on arrive au problème cellulaire suivant (voir annexe B):

$$\begin{cases} -[\sigma]\mathbf{e_c} + \mathbf{rot}\, \mathbf{h_c} = -\mathbf{J} - \frac{1}{2}i[\sigma]\omega\mathbf{B}\times\mathbf{x} \\ i\omega\mu\mathbf{h_c} + \mathbf{rot}\, \mathbf{e_c} = i\omega\mathbf{B} - \frac{1}{2}i\omega\mu\mathbf{J}\times\mathbf{x} \end{cases} \qquad \text{(II- 59)}$$

Le champ électrique et sa moyenne **E** seront alors donnés par :

$$\mathbf{e_c} = [\sigma]^{-1}\mathbf{rot}\, \mathbf{h_c} + [\sigma]^{-1}\mathbf{J} + \frac{1}{2}i\omega\mathbf{B}\times\mathbf{x} \qquad \text{(II- 60)}$$

$$\mathbf{E} = \frac{1}{\text{vol}(Y)}\left(\int_Y [\sigma]^{-1}\mathbf{rot}(\mathbf{h_c})dy + \int_Y [\sigma]^{-1}\mathbf{J}dy\right) \qquad \text{(II- 61)}$$

la valeur moyenne du champ électrique et la conductivité électrique équivalente sont calculés alors :

$$\begin{cases} \mathbf{E} = \frac{1}{\text{vol}(Y)}\int_Y \mathbf{e_c} \\ \mathbf{J} = [\sigma_{eq}]\mathbf{E} \end{cases} \qquad \text{(II- 62)}$$

Exemple : applications à la caractérisation électromagnétique

La figure II.7 représente une cellule ayant une géométrie 3D correspondant à une fibre de carbone élémentaire (diamètre 7μm) entourée d'une matrice thermoplastique ayant une conductivité électrique très faible.

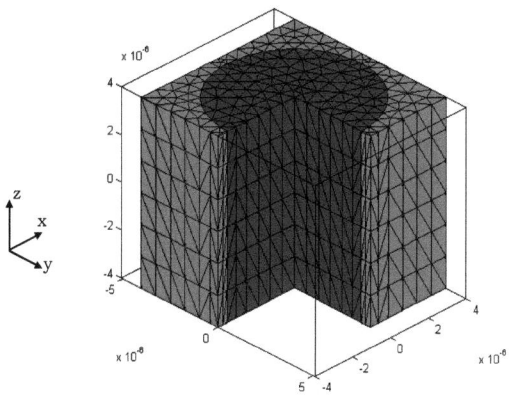

Figure II. 7 Cellule 3D

La résolution de l'équation (II-58), à l'aide d'intégrants 3D, nous conduit au champ magnétique dans la cellule. A partir de celui-ci, on remonte à la moyenne du champ électrique dans la cellule puis à la conductivité électrique équivalente.

La Figure II. 8 montre l'évolution en fonction de la fréquence des conductivités électriques suivant les trois axes. Il est à remarquer que la conductivité est très faible dans le sens (xy) par rapport au sens (z).

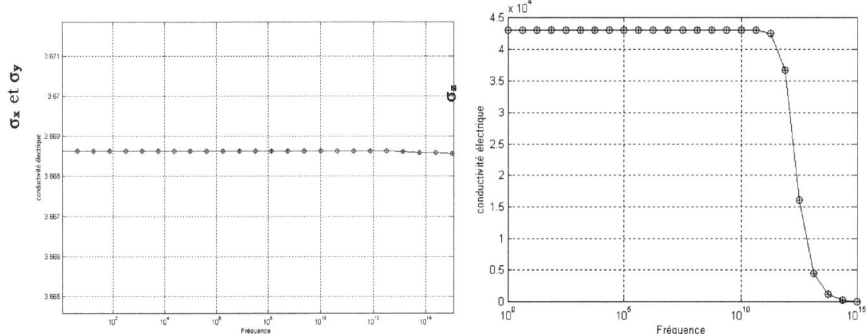

Figure II. 8 Variation de la conductivité électrique en fonction de la fréquence

La méthode d'homogénéisation dynamique est très efficace pour les cas où le nombre de cellules des structures périodiques est limité.

II.4.1.3 Méthode du problème inverse

La méthode du problème inverse consiste à résoudre le problème électromagnétique ou thermique dans une cellule élémentaire. Soit S^r le vecteur des grandeurs calculées dans une cellule réelle et S^h le vecteur des grandeurs calculées dans la cellule homogénéisée. On calcule alors les propriétés physiques homogénéisées par minimisation de la fonction objectif :

$$\min(J(\underline{p})) = \frac{1}{2}\sum (S^r - S^h)^2 \qquad \text{(II- 63)}$$

La grandeur S peut être une grandeur globale telle que la puissance, l'impédance ou bien le champ ou la température moyenne dans la cellule. Elle peut être également un vecteur comme le champ ou la température locale dans un maillage associé à la cellule élémentaire.

La figure II.9 compare les champs homogénéisés et réels pour une structure stratifiée soumise à un champ H (x=0) = 5000 A/m et H(x=ep)= 10000 A/m.

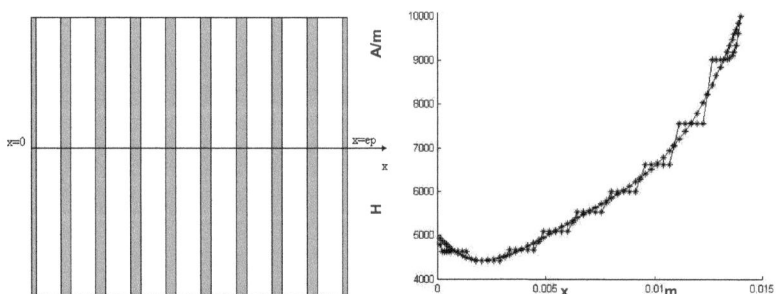

Figure II. 9 Comparaison des champs magnétiques réels avec les champs homogénéisés.

II.4.1.4 Comparaison des méthodes d'homogénéisation prédictives

Pour illustrer les points forts et les points faibles des méthodes d'homogénéisation, nous proposons de dresser le tableau II. 2.

Tableau II. 2 Comparaison des méthodes d'homogénéisation prédictives

Méthode	Points forts	Points faibles
Développement asymptotique (statique)	⚜ Facilité de mise en œuvre.	⁕ Indépendance de la fréquence. ⁕ Taille réduite pour les cellules.
Dynamique	⚜ Prise en compte du caractère fréquentiel. ⚜ Taille des cellules plus importantes.	⁕ Mauvaise restitution de la puissance homogénéisée pour les grandes fréquences.
Problème inverse	⚜ Toutes les tailles des cellules. ⚜ Critère d'équivalence au choix.	⁕ Méthode itérative

Dans l'ensemble des techniques d'homogénéisation, la formulation électromagnétique retenue est celle en **H**. Cette équation a été résolue à l'aide des éléments finis d'arêtes.

Les méthodes d'homogénéisation prédictives ont un objectif final commun qui est l'obtention d'un caractère moyen à partir des propriétés à une échelle de dimension inférieure. Ces méthodes nécessitent une connaissance précise de la structure du matériau (orientation, position des fibres, ...) et des propriétés physiques de ses constituants (fibres, résine...). De plus, pour certaines géométries comme les structures aléatoires, les résultats peuvent être relativement erronés [TRIC 00a]. De ce fait, ces méthodes devraient être complétées par une phase expérimentale.

Notre démarche dans ce travail est d'obtenir les propriétés physiques des matériaux par les techniques d'homogénéisation. Ces valeurs pourront servir ensuite de point de départ pour les algorithmes d'homogénéisations expérimentales.

II.4.2 Méthode d'homogénéisation expérimentale

Il est souvent très difficile d'obtenir une mesure directe des grandeurs équivalentes recherchées telles que la résistivité électrique ou la conductivité thermique. Ces valeurs sont alors calculées à partir de grandeurs mesurables comme l'impédance ou la distribution de température. Le passage d'une grandeur à l'autre se fait souvent par les méthodes du problème inverse (Figure II. 10).

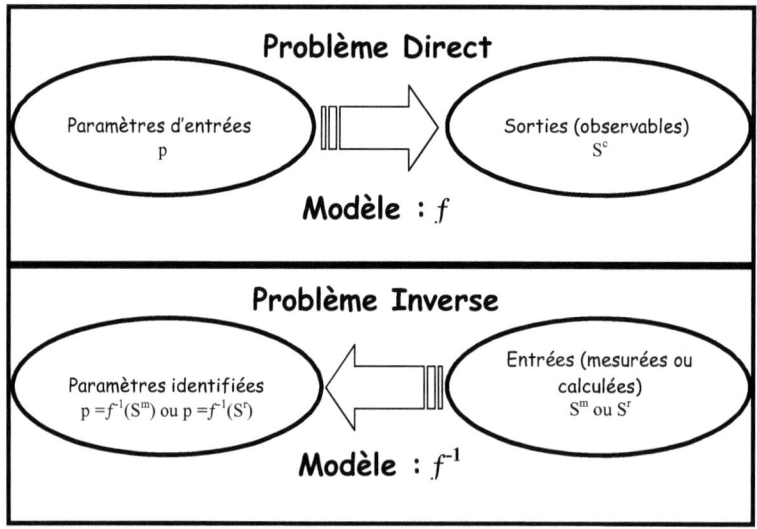

Figure II. 10 Problème direct et problème inverse

Un problème inverse est une situation dans laquelle on tente de déterminer les causes d'un phénomène à partir des observations expérimentales de ses effets. Sa résolution passe généralement par une étape de modélisation du phénomène, dite problème direct, qui décrit comment les paramètres du modèle physique se traduisent en grandeurs observables expérimentalement.

Les problèmes inverses, contrairement aux problèmes directs, doivent intégrer des données expérimentales. Il est nécessaire dans ce cas d'avoir une idée du degré de confiance que l'on accorde aux mesures expérimentales et de connaître la façon dont une erreur de mesure affecte les valeurs des paramètres recherchés.

Les problèmes inverses sont très fréquemment exprimés sous forme d'un problème d'optimisation au sens des moindres carrés, résolu sur la base du principe de régression [FAVE 02].

Pour relier le problème d'identification de paramètres à un problème de moindres carrés, deux approches différentes sont proposées [FADA 95][BECK 98]:

- ▶ L'approche de type déterministe : où le problème inverse est exprimé sous une forme relaxée, et l'on cherche juste à minimiser une distance entre les données issues d'un modèle et les mesures expérimentales.
- ▶ L'approche de type statistique : où le problème inverse est vu comme la recherche du jeu de paramètres qui maximise la probabilité de réaliser la mesure expérimentale.

A- Approche de type déterministe

Les problèmes d'identification de paramètres sont généralement exprimés sous la forme d'un problème d'optimisation au sens des moindres carrés [FAVE 02][BECK 98][FADA 95], afin de ne pas avoir à considérer l'inverse de l'opérateur f (Figure II.10):

Trouver $\underline{p}^{opt} \in L^{Npar}$ tel que

$$\begin{cases} U(p^{opt}) = \min_{p \in L^{Npar}} (U(p)) \\ U(p) = \sum \|f(p) - S^m\|^2 = \sum (f(p) - S^m)^T (f(p) - S^m) \end{cases} \quad \text{(II- 64)}$$

Avec,

p^{opt} : paramètre recherché optimal,

L^{Npar} : ensemble auquel appartient p,

p : paramètre recherché,

U : fonction coût,

NB :

- ☺ Par opposition au problème inverse, le calcul de $f(p)$ est appelé problème direct et peut être par exemple issu de la résolution d'un système d'équations algébriques, d'un système d'équations différentielles ordinaires ou bien d'un système d'équations aux dérivées partielles.
- ☺ Si l'opérateur f est inversible, la résolution du problème inverse correspond au calcul de l'inverse de f (Figure II. 10).

B- Approche de type statistique

La présence d'un bruit de mesure aléatoire peut être une des raisons de la non appartenance de S^m à l'image de f. Soit e_i l'erreur de mesure définie par :

$$e_i = f(p)_i - S_i^m \qquad i \in [1, N_{mes}] \qquad \text{(II- 65)}$$

i et la taille du vecteur p peuvent être soit le nombre de paramètres mesurées, soit le nombre de mesure dans le temps ou dans l'espace.

Les erreurs de mesure sont généralement supposées indépendantes entre elles dans le temps et dans l'espace et sont distribuées suivant une loi normale (Gaussienne) avec une moyenne égale à zéro et une covariance V_m. La meilleure estimation des valeurs de l'inconnu p, est celle qui maximise la fonction de densité de probabilité des mesures [FADA 95], donnée par l'expression suivante:

$$P(e) = \frac{1}{\sqrt{(2\pi)^{N_{mes}} \cdot \det(V_m)}} \cdot \exp\left(-\frac{1}{2} \cdot e^T \cdot V_m^{-1} \cdot e\right) \qquad \text{(II- 66)}$$

La densité de probabilité de la variable aléatoire S^m sachant p s'écrit donc :

$$P(S^m|p) = \frac{1}{\sqrt{(2\pi)^{N_{mes}} \det(V_m)}} \cdot \exp\left(-\frac{1}{2}(f(p)-S^m)^T V_m^{-1}(f(p)-S^m)\right) \qquad \text{(II- 67)}$$

Il est possible d'estimer p en utilisant l'estimateur du maximum de vraisemblance. Déterminer ce dernier pour p noté (p^{vrais}) revient à chercher p telle que $P(S^m|p)$ soit maximale pour les valeurs observées de S^m [FADA 95]. En d'autres termes, on cherche à trouver le jeu de paramètres tel que l'observation S^m soit la plus probable.

Généralement, plutôt que de maximiser $P(S^m|p)$ on minimise la fonction $\ln((S^m|p))$ par rapport à p:

$$\ln(P(S^m|p)) = -\frac{1}{2}\left(N_{mes}\ln(2\pi) + \ln(\det(V_m)) + (f(p)-S^m)^T \cdot V_m^{-1} \cdot (f(p)-S^m)\right) \qquad \text{(II- 68)}$$

En supposant que les erreurs de mesure e sont indépendantes de p, les deux premiers termes de (II-68) sont constants, la recherche du maximum de vraisemblance peut s'écrire alors,

Trouver $\underline{p}^{vrais} \in L^{Npar}$ tel que :

$$\begin{cases} U(\underline{p}^{vrais}) = \min_{p \in L^{Npar}} (U(p)) \\ U(p) = \|f(p) - S^m\|^2 = (f(p) - S^m)^T \cdot V_m^{-1} \cdot (f(p) - S^m) \end{cases} \quad \text{(II- 69)}$$

Finalement, si les variables aléatoires e_i sont indépendantes, la matrice V_m est diagonale et le problème (II-69) a la forme du problème (II-64). Ainsi, il sera possible d'étudier les propriétés statistiques des paramètres p dans ce cas particulier une fois le problème d'optimisation résolu. Cette approche permet de donner une expression objective de la matrice de pondération du problème d'optimisation.

NB : Dans certains cas, le bruit de mesure peut être modélisé par d'autres densités de probabilité. Le problème de minimisation associé à la recherche du maximum de vraisemblance ne sera alors pas un problème de moindres carrés [TARA 87].

II.5 LOGICIEL DE SIMULATION

Le logiciel de simulation développé dans le cadre des activités de recherches du laboratoire est présenté sur la Figure II. 11. Au cours de notre travail nous avons enrichi ce logiciel d'un module permettant la prise en compte des éléments coques pour les matériaux isotropes et anisotropes. Le module ajouté prend aussi en compte l'aspect multicouche des composites. Nous avons ensuite utilisé ce logiciel pour l'homogénéisation et la conception d'un système de chauffage par induction des matériaux composites dans le cadre d'un projet industriel.

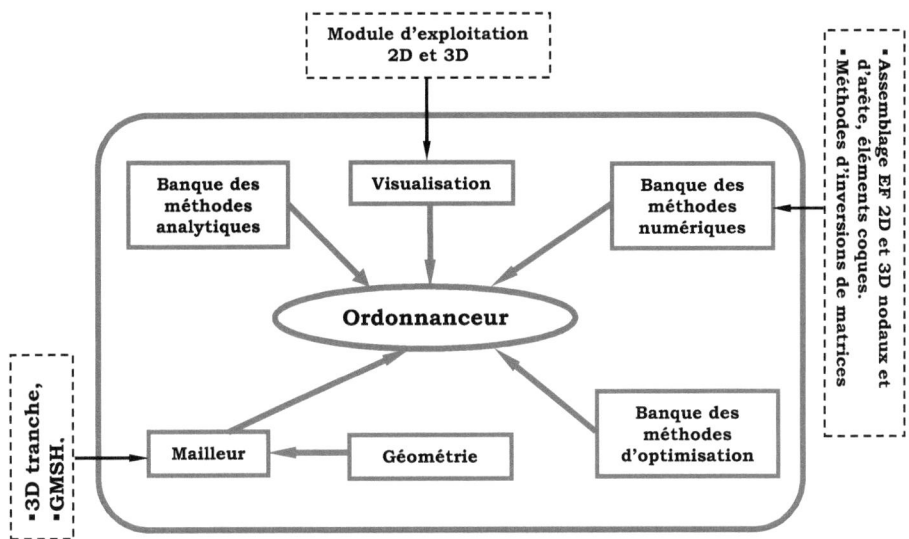

Figure II. 11 Logiciel de simulation

II.6 CONCLUSION

Nous avons présenté les différentes formulations du problème électromagnétique. Nous avons retenu la formulation en champ magnétique H pour l'homogénéisation des matériaux composites et la formulation utilisant les éléments coques généralisés pour le chauffage par induction des matériaux composites.

La formulation éléments coques généralisés développée dans [GUER 94], prend pour hypothèse que les propriétés physiques de la région mince sont de nature isotrope. Dans le cadre de notre étude, nous avons étendu cette formulation au cas des régions minces anisotropes et dont les propriétés ont une forme tensorielle. Cette étude fera l'objet du chapitre IV.

Nous avons présenté les méthodes d'homogénéisation des matériaux composites. Les techniques d'homogénéisation prédictives sont intéressantes et donnent des résultats cohérents. Cependant, elles nécessitent la connaissance précise des structures de composites et les propriétés de leurs constituants. Cela rend ces modèles très sensibles aux imprécisions de fabrication. Nous avons alors présenté une technique expérimentale basée sur la méthode du problème inverse.

La mise en place d'une technique d'homogénéisation expérimentale fera l'objet du chapitre suivant.

Chapitre III - Caractérisation expérimentales des matériaux composites : Estimation de la conductivité électrique

III.1 Introduction 76
III.2 Conductivité electrique des matériaux composites 77
    III.2.1 Influence des constituants 77
    III.2.2 Influence de la géométrie 77
    III.2.3 Méthodes de mesure de la conductivité électrique 79
        III.2.3.1 Méthodes volt-ampéremétriques 79
        III.2.3.2 Méthode des courants induits 82
        III.2.3.3 Autres méthodes 83
III.3 Identification de la conductivité a partir de l'Impédance 85
    III.3.1 Présentation de la méthode 85
    III.3.2 Problème inverse 86
    III.3.3 Résolution du problème direct : calcul de l'impédance 87
        III.3.3.1 Méthode analytique 90
        III.3.3.2 Méthode numérique 2D 91
    III.3.4 Analyse de sensibilité 94
    III.3.5 Problème inverse et prise en compte de la sensibilité 97
    III.3.6 Mesure de l'impédance 98
        III.3.6.1 Méthodes classiques 99
        III.3.6.2 Mesure de l'impédance avec "AGILENT 4294A" 101
    III.3.7 Optimisation du système de mesure 101
III.4 experimentation et résultats 104
    III.4.1 Géométrie retenue 104
    III.4.2 Validation 105
    III.4.3 Résultats pour les matériaux composites 106
III.5 Conclusion 107

III.1 Introduction

Dans le chapitre précèdent, nous avons présenté les outils mathématiques pour la modélisation du chauffage par induction des matériaux composites. La qualité des résultats de simulation est directement liée à la connaissance précise des propriétés physiques du matériau. Ces propriétés sont calculées d'abord par des méthodes d'homogénéisation prédictives puis, en cas de besoin, elles sont raffinées par des méthodes expérimentales.

Dans ce chapitre, nous nous intéressons particulièrement à l'identification de la conductivité électrique des matériaux composites anisotropes en utilisant des méthodes expérimentales. Nous introduirons différentes techniques de mesure puis nous exposerons la méthode adoptée. Nous finirons enfin par une validation expérimentale de la méthode.

L'identification des propriétés thermiques, données importantes pour la maîtrise du procédé mais qui ne sont pas de notre domaine de compétences, ne sera pas abordée. Dans le cadre du projet industriel dans lequel s'inscrit ce travail, les propriétés thermiques sont mesurées par un autre partenaire du projet.

III.2 Conductivité électrique des matériaux composites

III.2.1 Influence des constituants

La conductivité électrique équivalente d'un matériau composite dépend directement de la conductivité de ses différents constituants. Quand le matériau composite est renforcé en fibres de carbone, la conductivité dépend de la nature des fibres utilisées, du taux de remplissage en fibres et de la géométrie du renfort.

Le Tableau III. 1 donne quelques ordres de grandeur de la conductivité électrique pour différentes fibres de carbone.

Tableau III. 1 Conductivité électrique des fibres de carbone

Fibre de carbone	Précurseur	Type	Conductivité électrique $(\Omega \cdot m)^{-1}$
Torayca T300	PAN	HR	$5{,}56 \times 10^4$
Torayca M 40	PAN	HM	$1{,}25 \times 10^5$
Thormel P 55-S	Brai	HM	$1{,}43 \times 10^5$
Thormel P 75-S	Brai	HM	$2{,}00 \times 10^5$
Thormel P 100-S	Brai	THM	$4{,}00 \times 10^5$

Globalement la conductivité électrique des fibres de carbone est de 10^2 à 10^3 fois inférieure à celle des métaux et dépend de son procédé d'élaboration.

III.2.2 Influence de la géométrie

Le taux de remplissage du renfort est généralement inférieur à 70 %, la conductivité électrique équivalente du matériau composite ne peut alors être supérieure au deux tiers de la conductivité de la fibre de carbone constituant ce matériau (dans le cas d'une matrice isolante).

De plus, l'architecture du renfort peut faire diminuer de moitié la conductivité électrique équivalente.

La figure III.1 présente un exemple d'architecture du renfort et d'orientation des plis d'un matériau composite.

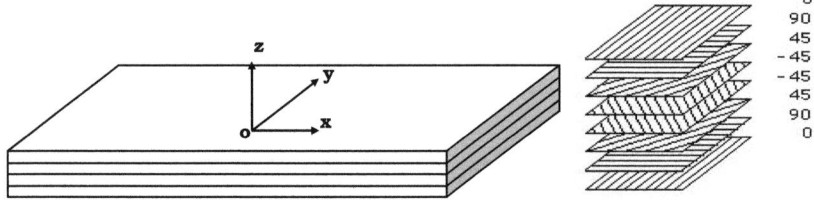

Figure III. 1 Repérage des composantes du tenseur de propriétés

La conductivité électrique des matériaux composites est généralement anisotrope, son expression mathématique s'écrit sous forme tensorielle. Elle est donnée par l'expression suivante:

$$[\sigma] = \begin{pmatrix} \sigma_{xx} & \sigma_{xy} & \sigma_{xz} \\ \sigma_{yx} & \sigma_{yy} & \sigma_{yz} \\ \sigma_{zx} & \sigma_{zy} & \sigma_{zz} \end{pmatrix} \qquad \text{(III- 1)}$$

Dans le cadre des matériaux composites la méthode de mesure de la conductivité électrique doit répondre aux exigences suivantes :

- permettre la mesure de la conductivité électrique dans les différentes directions (composante du tenseur),
- donner des erreurs de mesure très faibles.

Généralement, dans les matériaux composites stratifiés sont interposés des films isolants entre les plis, la conductivité électrique est alors très faible dans le sens de l'épaisseur z. Par conséquent, il ne reste plus qu'à déterminer les composantes selon le plan xy et le tenseur s'écrit alors :

$$[\sigma] = \begin{pmatrix} \sigma_{xx} & \sigma_{xy} & 0 \\ \sigma_{yx} & \sigma_{yy} & 0 \\ 0 & 0 & 0 \end{pmatrix} \qquad (III\text{-}2)$$

III.2.3 Méthodes de mesure de la conductivité électrique

Dans le cas des matériaux conventionnels, plusieurs méthodes sont utilisées pour la mesure de la conductivité électrique [DYOS 92]. Ces méthodes peuvent être classées selon qu'il y ait ou non un contact physique entre le système de mesure et le matériau.

Dans les méthodes avec contact, on trouve les méthodes volt-ampéremétriques. Celles sans contact sont basées sur le phénomène des courants induits. Par exemple, la mesure de la variation de l'impédance d'une bobine inductrice, sans et avec présence de l'échantillon, permet de remonter à la conductivité électrique du matériau.

III.2.3.1 Méthodes volt-ampèremétriques

La conductivité du matériau peut être obtenue par la mesure de la résistance et des dimensions géométriques d'un échantillon de ce matériau. Pour cela, deux méthodes sont utilisées, la mesure à deux points et la mesure à quatre points (Figure III. 2).

Dans la méthode à deux points, la mesure se fait seulement avec deux contacts. L'échantillon, qui est caractérisé par sa résistance électrique et ses dimensions géométriques, est soumis à une tension électrique. L'ensemble constitue une boucle fermée où circule un courant mesuré par l'ampèremètre (Figure III. 2).

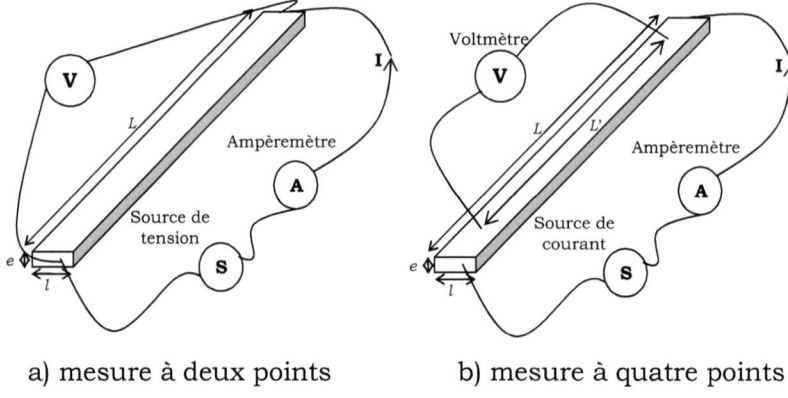

a) mesure à deux points   b) mesure à quatre points

Figure III. 2 Mesure volt-ampéremétrique

La conductivité électrique est donnée en [$\Omega^{-1} \cdot m^{-1}$] ou en [S/m] par l'équation suivante :

$$\sigma = \frac{I \cdot L}{V \cdot s} \qquad\qquad (III\text{-}3)$$

Avec, s=e×l la section de passage du courant.

En pratique, plusieurs sources d'erreurs sont à considérer au cours de la mesure de conductivité par la méthode à deux points. La première est la résistance non négligeable des contacts, qui provient à la fois de la résistance du matériau utilisé pour la réalisation des contacts, et de la non uniformité des contacts dans la section de passage du courant. L'évaluation de la résistance de contact est une opération très délicate. La deuxième source d'erreurs provient des résistances internes des appareils de mesure. Toutes ces erreurs viennent s'additionner à la résistance mesurée, et la conductivité obtenue sera sous évaluée. La mesure des dimensions géométriques de l'échantillon constitue aussi une source non négligeable d'erreur.

Pour diminuer l'influence de ces sources d'erreurs, il faut:
- Prendre une longueur (L) plus grande et une section (s) plus faible pour avoir une résistance importante, et réduire ainsi les incertitudes de mesure,
- Utiliser des contacts réalisés avec des matériaux très bon conducteurs,
- Exercer une pression suffisante pour maintenir les contacts sur la surface.

La méthode à quatre points est une solution qui permet de réduire encore plus ces sources d'erreurs [WEBS 99]. Cette méthode nécessite quatre contacts, deux pour l'alimentation de l'échantillon et la mesure du courant, et deux pour la mesure de la tension (Figure III. 2).

La conductivité est obtenue par la même formule que (III-3), mais en remplaçant la longueur (L) de l'échantillon par la distance (L') entre les deux contacts de mesure de la tension :

$$\sigma = \frac{I \cdot L'}{V \cdot s} \qquad \text{(III- 4)}$$

Application aux matériaux composites

Appliquer les méthodes volt-ampéremétriques au cas des matériaux composites stratifiés, est encore plus complexe. En effet, ces matériaux sont sous forme d'un empilage de plusieurs couches fines orientées dans le plan oxy suivant un ordre défini (Figure III. 1). Chaque couche est constituée d'un renfort en fibres de carbone noyées dans une matrice résineuse. Deux problèmes principaux sont alors rencontrés lors de l'application des méthodes volt-ampéremétriques :

> **La difficulté de mise sous tension de toutes les fibres de carbone,**

Certes l'ampèremètre mesure un courant, mais il n'est pas certain que ce dernier parcoure l'ensemble des fibres se trouvant entre les deux contacts électriques. Dans ce cas, l'application directe de la formule (III-3) ou (III-4) ne donnera pas de résultats précis.

> **La difficulté de prendre en compte l'orientation des plis (couches),**

Dans ce cas la zone effective de passage du courant diminue fortement comme le montre la Figure III. 3.

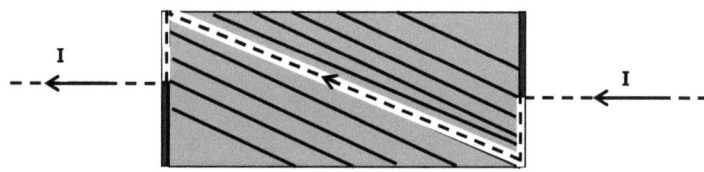

Figure III. 3 Passage du courant dans un pli du composite stratifié

Pour contourner cette difficulté, il faut mesurer la conductivité électrique d'un pli de composite non imprégné [DELA 05]. A travers cette solution, le pourcentage des fibres qui sont mises sous tension est amélioré.

Avec cette solution et en connaissant le drapage du stratifié, il est possible de modéliser le matériau composite par le modèle éléments coques multicouches que nous présenterons dans le chapitre IV.

III.2.3.2 Méthode des courants induits

La mesure de la conductivité électrique avec la méthode des courants induits repose sur le même principe que la méthode du contrôle non destructif par courants de Foucault. Celle-ci est basée sur l'induction de courants dans des matériaux conducteurs dûs au champ inducteur d'une bobine inductrice appelée capteur. La réponse (impédance) de ce dernier, dépend des différentes caractéristiques dont la conductivité électrique du matériau contrôlé.

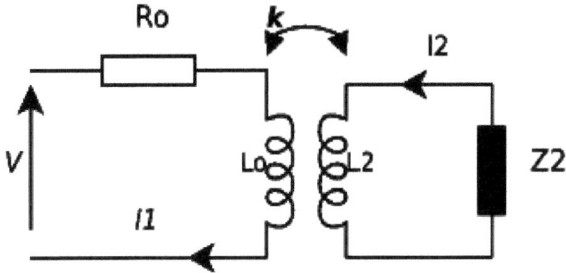

Figure III. 4 Circuit équivalent du système capteur charge [LEBI 03]

Le schéma électrique équivalent de l'ensemble capteur et matériau contrôlé est généralement confondu à un transformateur qui débite sur une charge Z_2 (Figure III. 4).

L'impédance mesurée associée à un modèle de calcul permet de remonter à la conductivité électrique.

L'intérêt principal de cette méthode est l'absence de contact entre la source et le matériau. Son principe basé sur les courants induits nous place dans le même environnement que celui du chauffage par induction, ce qui fait un autre point fort de cette méthode par rapport à notre application.

III.2.3.3 Autres méthodes

Dans [BENS 02], nous avons proposé une méthode de caractérisation expérimentale basée sur la méthode du problème inverse pour la détermination de la conductivité électrique et de la conductivité thermique. La Figure III. 5 décrit les principales étapes de cette méthode.

La mesure des températures associée à un modèle numérique 2D de chauffage par induction permet de remonter à la conductivité électrique du composite. Mais, les sources d'erreurs multiples (imprécisions dans les mesures thermiques et dans le positionnement des thermocouples) et le temps de mise en œuvre rendent cette méthode difficilement exploitable. Par conséquent celle-ci a été abandonnée.

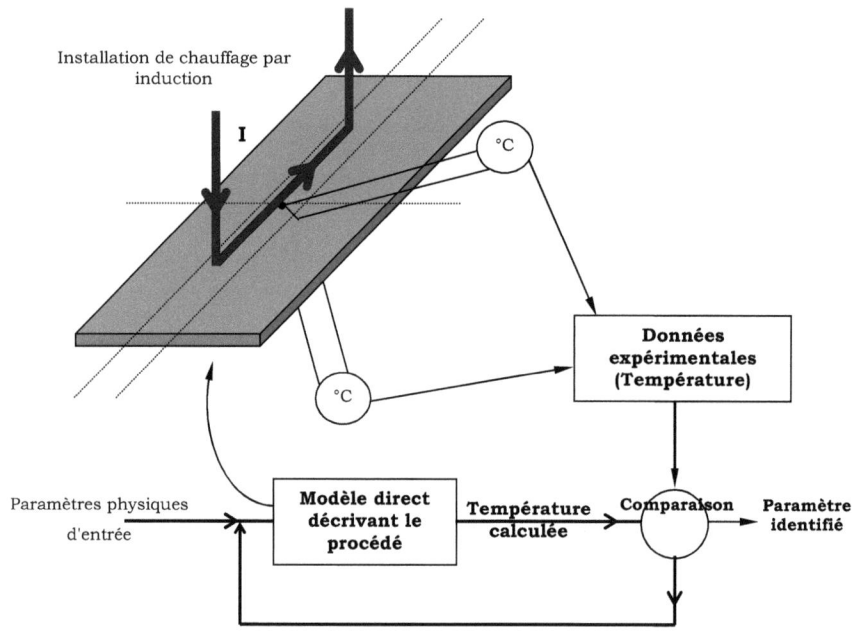

Figure III. 5 Identification de la conductivité électrique par mesure de températures

Nous avons concentré nos efforts sur une méthode basée sur les courants induits où on a exploité la corrélation entre impédance et conductivité électrique.

III.3 Identification de la conductivité à partir de l'impédance

III.3.1 Présentation de la méthode

Cette méthode consiste à bobiner autour d'une plaque conductrice (matériau à identifier) des fils de cuivre. L'ensemble forme alors une bobine à noyau ayant comme circuit électrique équivalent une résistance R et une inductance L en série (Figure III. 6). La connaissance des valeurs de R et L nous permet de remonter à la conductivité électrique de la plaque.

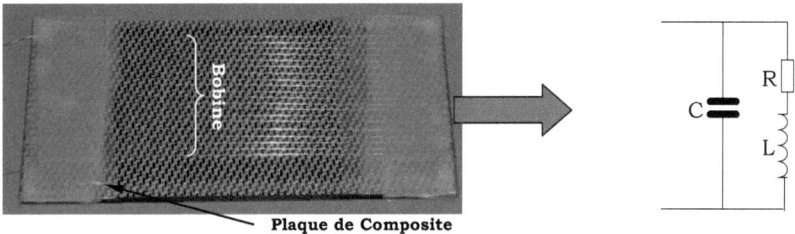

Figure III. 6 Système de mesure de la conductivité électrique et circuit équivalent

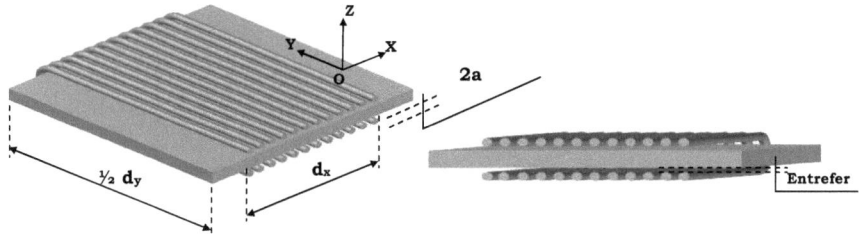

Figure III. 7 Représentation géométrique du système de mesure

Pour remonter à la conductivité électrique, la méthode du problème inverse sera utilisée.

III.3.2 Problème inverse

La figure III. 8 décrit l'algorithme d'identification de la conductivité électrique par la méthode du problème inverse.

A partir d'une valeur initiale de la conductivité et de la connaissance du modèle direct, on calcule l'impédance de l'ensemble plaque/bobine. Cette valeur est ensuite comparée à l'impédance mesurée par une méthode appropriée. Si l'erreur entre ces deux valeurs est supérieure à une certaine tolérance, la valeur de la conductivité est alors modifiée jusqu'à la convergence de l'algorithme. Pour améliorer la vitesse de convergence on choisira de préférence comme valeur initiale de la conductivité, celle issue de la phase d'homogénéisation prédictive.

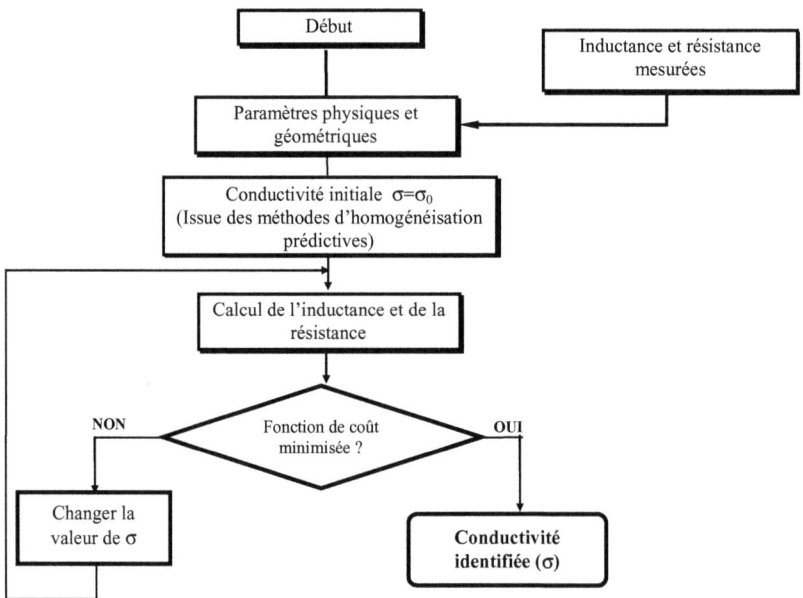

Figure III. 8 Algorithme d'identification de σ par le problème inverse

La fonction coût U est construite sur la base des moindres carrés. Selon la géométrie et la nature du matériau on peut choisir un critère s'appuyant sur :

a. La résistance

$$U(\sigma) = \frac{1}{2} \cdot \left(\frac{R_m - R_c}{R_m} \right)^2 \qquad \text{(III- 5)}$$

b. L'inductance

$$U(\sigma) = \frac{1}{2} \cdot \left(\frac{L_m - L_c}{L_m} \right)^2 \qquad \text{(III- 6)}$$

c. L'impédance

$$U(\sigma) = \frac{1}{2} \cdot \left(\frac{L_m - L_c}{L_m} \right)^2 + \frac{1}{2} \cdot \left(\frac{R_m - R_c}{R_m} \right)^2 \qquad \text{(III- 7)}$$

Dans le dernier cas, une pondération de l'inductance et de la résistance est envisageable.

III.3.3 Résolution du problème direct : calcul de l'impédance

Pour le calcul de l'impédance du système nous avons utilisé deux méthodes:
- Une méthode analytique dans laquelle la plaque est considérée comme infiniment grande.
- Une méthode numérique en éléments finis 2D qui impose une longueur du système infinie dans le sens du bobinage.

III.3.3.1 Méthode analytique

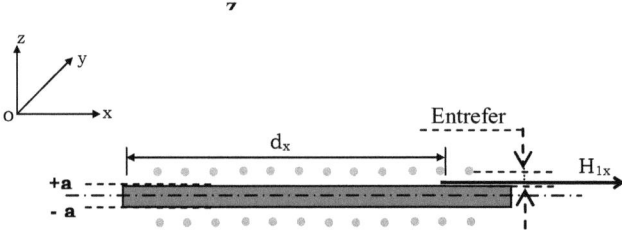

Figure III. 9 Plaque semi infinie soumise à un champ tangentiel

Le système bobine/plaque de la Figure III. 6 peut être représenté sous la forme d'une plaque fixe infinie suivant x et y et d'épaisseur 2a suivant z (Figure III. 9). Le courant ne circule que suivant y, la plaque sera alors soumise à un champ magnétique tangentiel H_{1x} suivant x qui est donné par :

$$H_{1x} = \frac{N}{d_x} \cdot I \qquad (\text{III-}8)$$

Avec I : Courant circulant dans la bobine.
  N : Nombre de spires.
  d_x : Largeur qu'occupe les N spires.

La solution du problème est déduite à partir du système l'équation (C-25) de l'annexe D par :

$$H_x = H_{1x} \frac{\cosh\left(\frac{1+j}{\delta_y}z\right)}{\cosh\left(\frac{1+j}{\delta_y}a\right)} \qquad (\text{III-}9)$$

La puissance apparente P dans la plaque est calculée à partir du théorème de *Poynting* [TRIC 00a][DEVE 02] décrit par :

$$P = S \cdot (\mathbf{E} \times \mathbf{H}^*) \cdot \mathbf{n} \qquad \text{(III- 10)}$$

$\mathbf{H}^*$: est le conjugué de $\mathbf{H}$

$\mathbf{n}$: vecteur normal à la surface S.

S : section active ou surface de la plaque occupée par les N spires, elle est donnée par $S = 2d_y \times d_x$

$\mathbf{E}$: champ électrique, donné par l'expression suivante:

$$E_y = \frac{J_y}{\sigma_{yy}} = H_{1x} \frac{(1+j)\sinh\left(\frac{1+j}{\delta_y}z\right)}{\sigma_{yy}\delta_y \cdot \cosh\left(\frac{1+j}{\delta_y}a\right)} \qquad \text{(III- 11)}$$

Après introduction de (III-9) et de (III-11) dans (III-10), la puissance s'écrit :

$$P = \frac{H_{1x}^2 S}{\delta_y \cdot \sigma_{yy}} (1+j) \cdot \tanh\left(\frac{1+j}{\delta_y}a\right) \qquad \text{(III- 12)}$$

En posant :

$$(1+j) \cdot \tanh\left(\frac{1+j}{\delta_y}a\right) = F + jG \qquad \text{(III- 13)}$$

La puissance totale dans le système est donnée par :

$$P_t = \left(\frac{N^2 \cdot d_y}{d_x \cdot \delta_y \cdot \sigma_{yy}} F + R_i\right) \cdot I^2 + j\omega \cdot \left(\frac{N^2 \cdot d_y \cdot \delta_y \cdot \mu}{2 \cdot d_x} G\right) \cdot I^2 \qquad \text{(III- 14)}$$

Où R_iI^2 représente les pertes par effet Joule dans les fils de cuivre de la bobine.

Cette puissance peut aussi s'écrire :

$$P_t = RI^2 + jL\omega I^2 \qquad \text{(III- 15)}$$

Par identification, de (III-15) et (III-14) on conclut que la résistance du système est :

$$R = \frac{N^2 \cdot d_y}{d_x} \cdot \frac{F}{\delta_y \cdot \sigma_{yy}} + R_i \qquad \text{(III- 16)}$$

Et l'inductance est,

$$L = \frac{N^2 \cdot d_y}{d_x} \cdot \frac{\delta_y \cdot \mu \cdot G}{2} \qquad \text{(III- 17)}$$

La figure III.10 illustre la résistance et l'inductance du système calculées avec la méthode analytique en fonction de la conductivité à la fréquence de 200kHz.

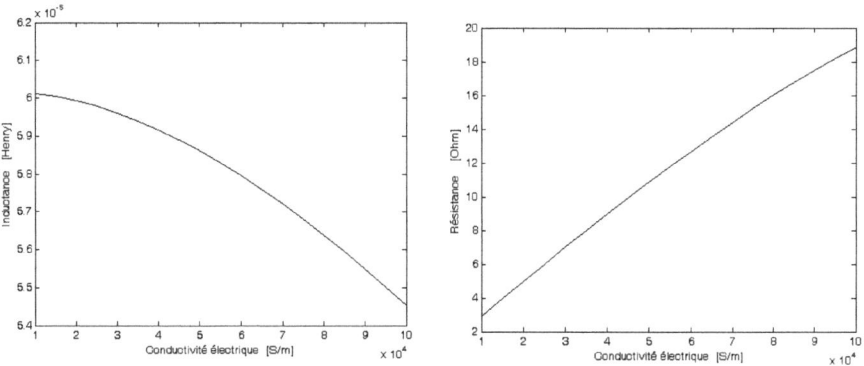

Figure III. 10 Inductance et résistance en fonction de la conductivité

Ces courbes montrent clairement la sensibilité de l'impédance pour une faible variation de la conductivité électrique de la plaque.

Si l'entrefer n'est pas nul, la puissance réactive du système est augmentée par :

$$P_{entrefer} = \omega \cdot \mu_0 \cdot H_{1x}^2 \cdot V \qquad \text{(III- 18)}$$

Où V est le volume de l'entrefer.

III.3.3.2 Méthode numérique 2D

Afin d'obtenir des valeurs plus précises de l'impédance, nous avons résolu le problème par une méthode numérique.

Dans cette méthode, le problème électromagnétique est résolu par une formulation 2D en potentiel vecteur magnétique **A**. La Figure III. 11 montre le domaine de résolution du problème électromagnétique.

Le couplage avec les équations de circuits permet de prendre en compte la distribution non uniforme de la densité de courant dans l'inducteur. L'impédance est calculée alors par application de la loi d'ohm.

Pour ne simuler que le quart de la géométrie, il faut que le nombre de spires soit pair. La Figure III. 11 illustre la représentation du problème à résoudre.

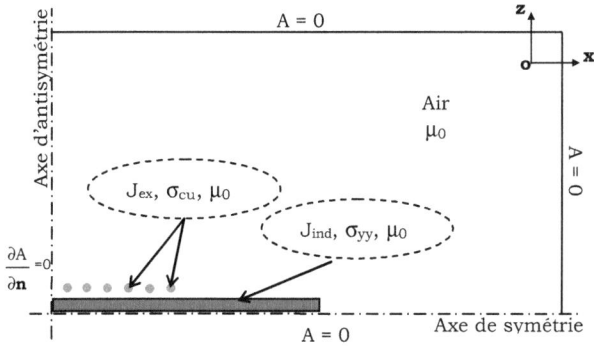

Figure III. 11 Présentation du problème 2D

L'équation à résoudre est :

$$\mathbf{div}\left(\frac{1}{\mu}\mathbf{grad\ A}\right) + \mathbf{J} = \mathbf{0} \tag{III-19}$$

$$\mathbf{J} = -\sigma_{yy}(j\omega\mathbf{A} + \mathbf{grad}\ V) \tag{III-20}$$

Après discrétisation du domaine d'étude et la subdivision de chaque conducteur en N_e éléments (triangle), l'équation (III-20) peut être écrite dans chaque élément de la région de l'inducteur sous forme d'une équation circuit [LOMB 93] :

$$\int_{S_k} J_k dS_k = -\int_{S_k} j\omega\sigma_{yy} A_k dS_k - \text{grad}V_k \int_{S_k} j\omega\sigma_{yy} dS_k = I_k \tag{III-21}$$

Avec,

I_k : Courant dans l'élément k,

S_k : Section de l'élément k,

J_k : Densité de courant dans l'élément k,

A_k : Potentiel vecteur électrique dans l'élément k,

V_k : Potentiel scalaire électrique dans l'élément k,

La différence de potentiel dans un conducteur (allée ou retour de la spire) de longueur d_y, peut s'écrire :

$$U_k = -d_y \cdot \text{grad}\ V_k \tag{III-22}$$

Et donc, l'équation (III-21) devient :

$$U_k = R_k S_k J_k + \sigma_{yy} R_k j\omega \int_{S_k} A_k dS_k \tag{III-23}$$

Le nombre total d'inconnue est N_p pour le potentiel vecteur **A** et $N_c \times N_e$ pour les intensités dans les éléments de l'inducteur. La formulation en éléments finis fournit N_p équations. Pour les $N_c \times N_e$ équations manquantes nous procédons de la manière suivante :

➤ Le courant d'une spire à l'autre est conservé,

$$\sum_{i=1}^{N_e} J_{1i} S_{1i} = \sum_{i=1}^{N_e} J_{2i} S_{2i} = \sum_{i=1}^{N_e} J_{ji} S_{ji} \ldots = \sum_{i=1}^{N_e} J_{N_c i} S_{N_c i} \quad \text{avec, } j = 1 \ldots N_c \quad \text{(III- 24)}$$

ceci permet d'avoir (N_c-1) équations.

➤ Les Ne éléments de chaque spire sont soumis à la même différence de potentiel, ce qui permet d'avoir $N_c(N_e-1)$ équations supplémentaires.

➤ L'équation manquante s'obtient du fait que la somme des tensions aux bornes de chaque spire est la tension d'alimentation de la bobine.

La résolution de l'équation (III-19) combinée avec les équations de circuits permet alors d'avoir le potentiel vecteur magnétique **A** dans tout le domaine et la densité de courant dans l'inducteur. L'impédance de la bobine se calcule alors par simple division de la tension imposée sur le courant totale calculé à partir de la densité de courant.

La figure III. 12 présente un résultat de simulation et de calcul d'impédance en fonction de la conductivité pour un nombre de spires de 4, un diamètre des conducteurs de 0.5 mm, d_y=171mm, d_x =3mm et une fréquence de 160kHz.

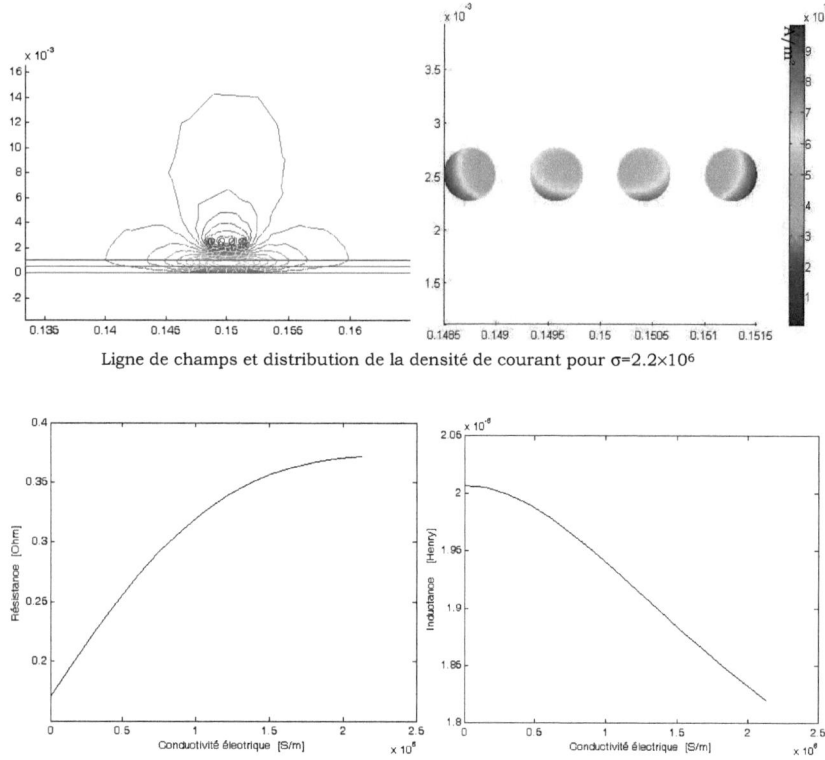

Ligne de champs et distribution de la densité de courant pour σ=2.2×10⁶

Figure III. 12 Inductance et résistance en fonction de la conductivité de la plaque

La qualité de l'identification dépend largement de la sensibilité de l'impédance aux variations de la conductivité électrique. Cette dépendance doit être quantifiée par une étude de sensibilité.

III.3.4 Analyse de sensibilité

Soit g une fonction dépendante de la conductivité électrique "σ". La sensibilité Θ de g par rapport à σ est souvent définie par :

$$\Theta(\sigma) = \frac{\partial g}{\partial \sigma} = \frac{g(\sigma + \delta\sigma) - g(\sigma)}{\delta\sigma} \qquad \text{(III- 25)}$$

Nous proposons de rendre cette sensibilité adimensionnelle en utilisant la formule suivante :

$$\Theta(\sigma) = \frac{\dfrac{\partial g}{g}}{\dfrac{\partial \sigma}{\sigma}} = \frac{g(\sigma_m + \delta\sigma) - g(\sigma_m - \delta\sigma)}{2 \cdot \delta\sigma} \cdot \frac{\sigma_m}{g(\sigma_m)} \qquad \text{(III- 26)}$$

La sensibilité définie ci-dessus donne le taux de variation de g en fonction du taux de variation de σ. Elle dépend de tous les paramètres d'entrée influant sur la fonction g.

Dans un premier temps, nous fixerons toutes les valeurs des paramètres d'entrée du système à l'exception de la fréquence. Nous chercherons alors à étudier l'influence de cette dernière sur la sensibilité.

L'analyse de sensibilité sera effectuée avec les paramètres géométriques suivant définissant la Géométrie I (Tableau III. 2).

Tableau III. 2 Tableau des paramètres d'entrée du système

Plaque			Bobine		
Epaisseur [mm]	Longueur [mm]	Largeur [mm]	Diamètre du fil [mm]	Nombre spires	d_x [mm]
3	200	100	0.25	100	80

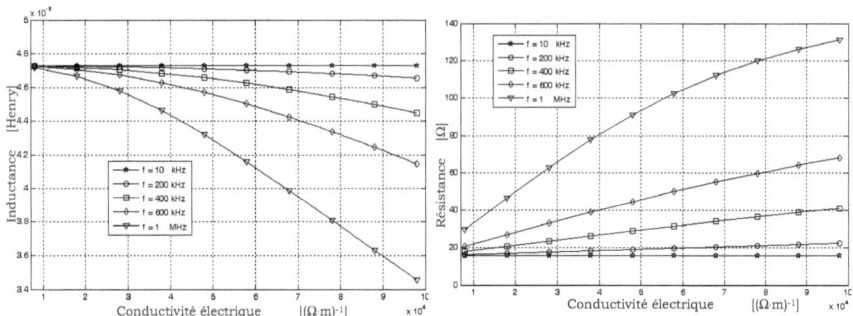

Figure III. 13 Inductance et résistance en fonction de la conductivité et de la fréquence

A l'aide du modèle analytique, nous obtenons les réponses du système en fonction de la conductivité électrique pour différentes valeurs de la fréquence (Figure III. 13).

Comme le montre les courbes présentées dans la Figure III. 13, la résistance et l'inductance du système dépendent considérablement de la fréquence. En effet, quand la fréquence augmente, l'inductance diminue et la résistance augmente. Cet effet est plus accentué quand on se rapproche des conductivités élevées.

Dans le cas de la Géométrie I et pour les fréquences faibles (<50kHz), nous constatons que la résistance et l'inductance ne varient pratiquement pas en fonction de σ. A ces fréquences, l'effet de peau est peu prononcé et la plaque conductrice n'a aucun effet sur l'impédance de la bobine.

La Figure III. 14 montre la sensibilité de l'inductance et de la résistance pour différentes fréquences. L'évolution des courbes montre que pour cette géométrie :

- la sensibilité de la self augmente avec la fréquence et la conductivité,
- la sensibilité de la résistance présente souvent un extremum en fonction de la conductivité. Cet extremum s'obtient à des fréquences élevées pour les faibles conductivités,
- Pour les fortes fréquences et les faibles conductivités la mesure de la résistance est avantageuse,
- Pour les fortes fréquences et les fortes conductivités la mesure de la self donne une sensibilité plus importante.

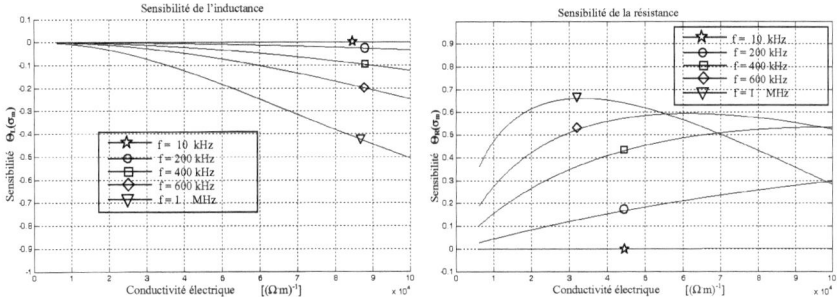

Figure III. 14 Sensibilité en fonction de la fréquence

III.3.5 Problème inverse et prise en compte de la sensibilité

L'étude de la sensibilité montre que si les mesures s'effectuent à une fréquence non optimale, la qualité de la conductivité électrique identifiée pourrait être médiocre. Il est alors nécessaire d'effectuer les mesures à une fréquence où la sensibilité est maximale. Ceci passe par une recherche itérative de la fréquence optimale. La figure III.15 montre l'algorithme du problème inverse modifié pour effectuer les mesures dans les conditions optimales de sensibilité.

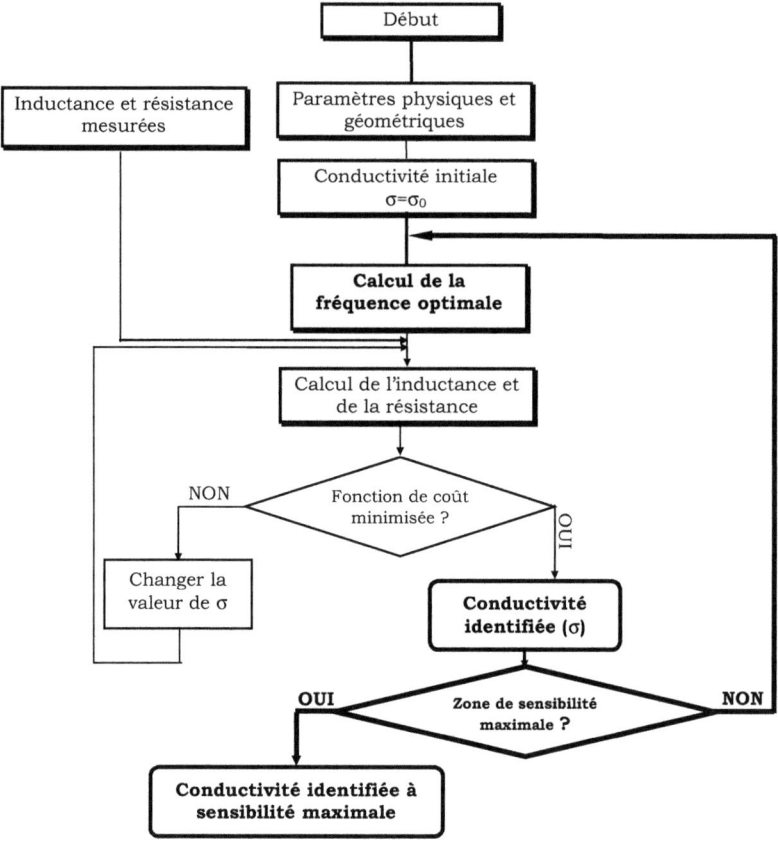

Figure III. 15 Algorithme d'identification de σ à partir des mesures d'impédance

Par rapport à l'algorithme initial de la Figure III. 8 une boucle supplémentaire a été introduite pour imposer une contrainte supplémentaire sur la sensibilité.

III.3.6 Mesure de l'impédance

Au début de nos investigations, nous avons mis en œuvre trois techniques classiques de mesure d'impédance :

- Les méthodes de résonances série et parallèle,
- La méthode du pont de Maxwell,
- La méthode d'oscillations libres,

Ensuite, avec l'arrivée d'un analyseur d'impédance 'AGILENT 4294A' au laboratoire, nous avons pu résoudre, dans un deuxième temps, un certain nombre de problèmes liés aux méthodes classiques.

III.3.6.1 Méthodes classiques

La mesure de l'impédance du système étudié à l'aide de ces méthodes, nécessite un montage expérimental indépendant. Dans chaque montage, sont incorporés un condensateur et généralement des résistances. Les figures III.16 à III.18 montrent les différents montages réalisés ainsi que les calculs nécessaires à l'identification de l'impédance de la bobine.

Ces méthodes nécessitent l'ajout d'un condensateur dont la valeur est calculée pour obtenir une sensibilité maximale.

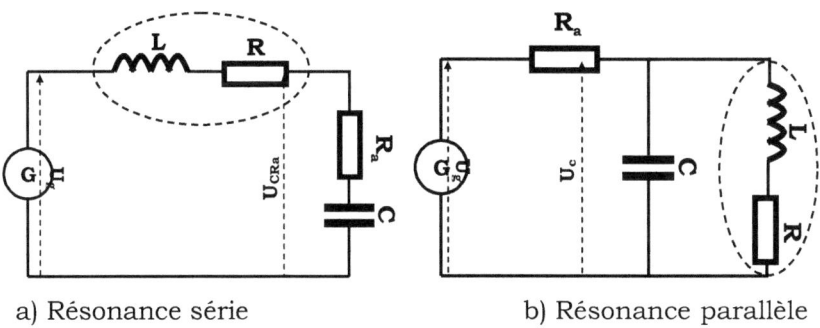

a) Résonance série   b) Résonance parallèle

Figure III. 16 Méthode de résonance

On mesure la fréquence de résonance et la résistance à cette fréquence. Les deux paramètres mesurés nous permettent ensuite de remonter aux valeurs de L et R.

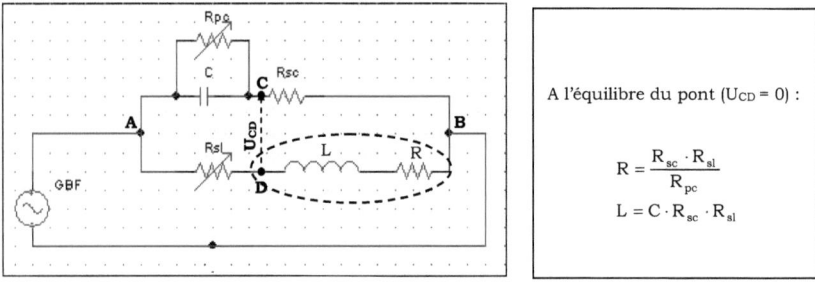

Figure III. 17 Méthode du pont de Maxwell

A l'équilibre du pont ($U_{CD} = 0$) :

$$R = \frac{R_{sc} \cdot R_{sl}}{R_{pc}}$$

$$L = C \cdot R_{sc} \cdot R_{sl}$$

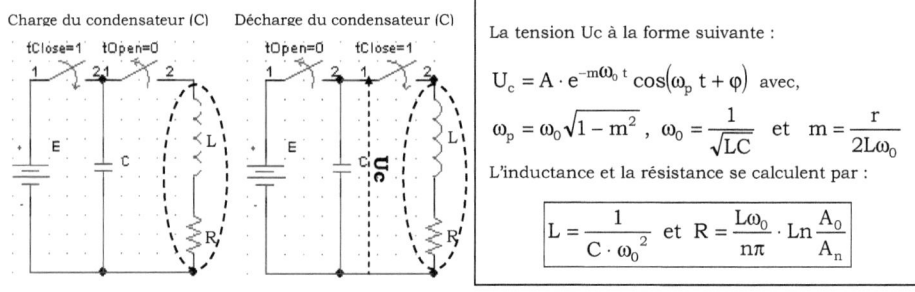

Figure III. 18 Méthode d'oscillations libres

La tension Uc à la forme suivante :

$$U_c = A \cdot e^{-m\omega_0 t} \cos(\omega_p t + \varphi) \text{ avec,}$$

$$\omega_p = \omega_0 \sqrt{1 - m^2}, \quad \omega_0 = \frac{1}{\sqrt{LC}} \quad \text{et} \quad m = \frac{r}{2L\omega_0}$$

L'inductance et la résistance se calculent par :

$$L = \frac{1}{C \cdot \omega_0^2} \quad \text{et} \quad R = \frac{L\omega_0}{n\pi} \cdot \ln\frac{A_0}{A_n}$$

Les méthodes classiques ont pour avantage d'avoir un faible coût. Par contre, les erreurs de mesure sur les composants utilisés et les grandeurs mesurées diminuent considérablement la précision sur l'impédance et par conséquent l'estimation de la valeur de la conductivité. Un autre inconvénient est que l'imposition de la sensibilité maximale nécessite un changement manuel de condensateur à chaque itération.

III.3.6.2 Mesure de l'impédance avec "AGILENT 4294A"

L'analyseur d'impédance 'AGILENT 4294A' est un appareil assez précis qui nous permet de balayer une large gamme de fréquences allant de 40Hz à 110MHz.

La gamme de fréquence et la précision de l'appareil répondent à nos attentes par rapport à la mesure de l'impédance du système étudié.

Le temps d'identification avec cet appareil est divisé par 20 en comparaison avec les montages classiques.

La figure III. 19 montre un exemple de mesure de l'inductance et de la résistance du système bobine/plaque, pour un balayage en fréquence allant de 1kHz à 1MHz.

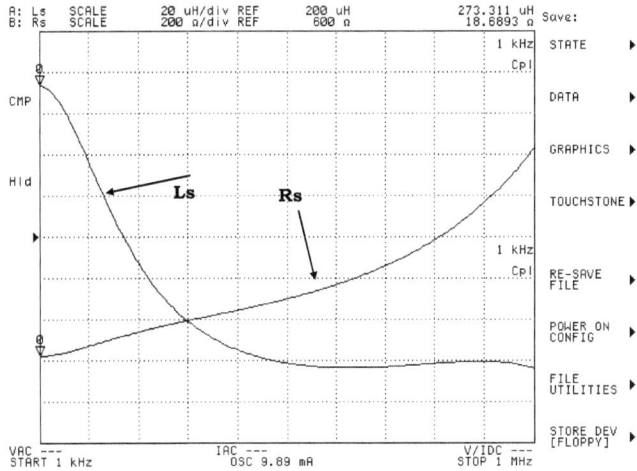

Figure III. 19 Exemple de mesure avec l'impédancemètre

III.3.7 Optimisation du système de mesure

Jusqu'à présent nous avons supposé un modèle RL pour le système étudié. Celui-ci reste valable pour des fréquences ne dépassant pas quelques centaines de kHz. En augmentant la fréquence, on ne peut plus négliger les capacités parasites. Le modèle RL n'est plus valable dans ce cas. Les figures III.20 et III.21, issues des mesures sur les configurations données par le tableau III.3, montrent ce phénomène au travers de la présence d'une fréquence de résonance caractéristique des circuits RLC.

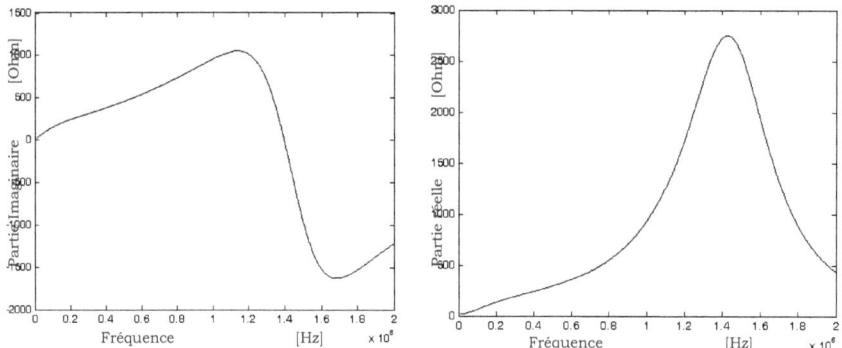

Figure III. 20 Impédance de la bobine pour une charge en Zirconium (Bobinage en largeur)

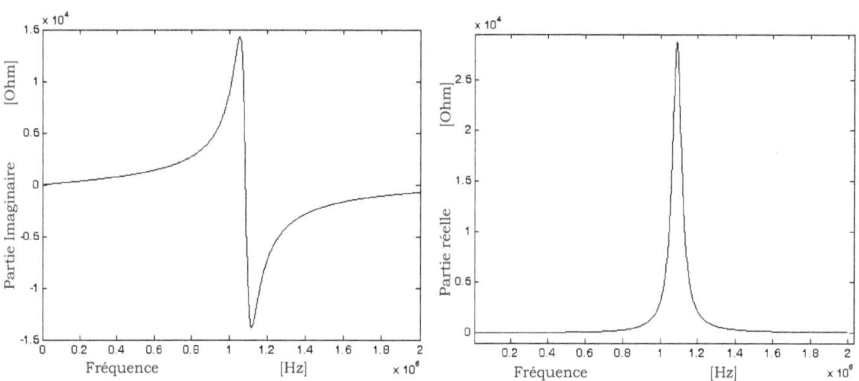

Figure III. 21 Impédance de la bobine pour une charge en composite

Tableau III. 3 Exemple Configurations de mesure d'impédance

charge	Plaque			Bobine		
	Epaisseur [mm]	Longueur [mm]	Largeur [mm]	Diamètre [mm]	Nombre spires	d_x [mm]
Zirconium	2.03	170	100	0.25	236	72
Composite	2.60	200	99	0.25	224	75

Les capacités parasites proviennent des condensateurs créés entre les spires de la bobine mais également ceux créés entre la bobine et la plaque.

Le calcul de ces capacités est très compliqué et nécessite une formulation combinée électromagnétique et électrostatique. De plus, dans le cas des matériaux composites, il faut tenir compte des capacités internes entre les différentes couches du composite.

Une solution pour limiter ce problème est de réduire la capacité en optimisant la géométrie de la bobine. Cette optimisation a pour objectif le rejet de la fréquence de résonance très au-delà de la fréquence maximale de travail.

Choix des paramètres géométriques

Nous avons effectué une série de simulations en faisant varier les dimensions de l'inducteur et de la plaque, le nombre de spires et la valeur de l'entrefer. Les résultats de ces simulations montrent que :

- la sensibilité de la résistance augmente avec une augmentation de l'épaisseur de la plaque. Celle-ci n'est pas influencée par la variation de l'entrefer.
- La sensibilité de l'inductance augmente avec l'augmentation de l'épaisseur de la plaque, de la longueur de l'inducteur et avec la diminution de l'entrefer.
- La diminution du nombre de spires, pour une dimension donnée de la plaque, diminue fortement les capacités parasites et améliore la qualité de mesure.

La figure III.22 montre la mesure d'impédance de la bobine en charge avec un nombre de spires de 236 et 20. Les résultats de calcul montrent que pour 20 spires la fréquence de résonance est supérieure à 2MHz.

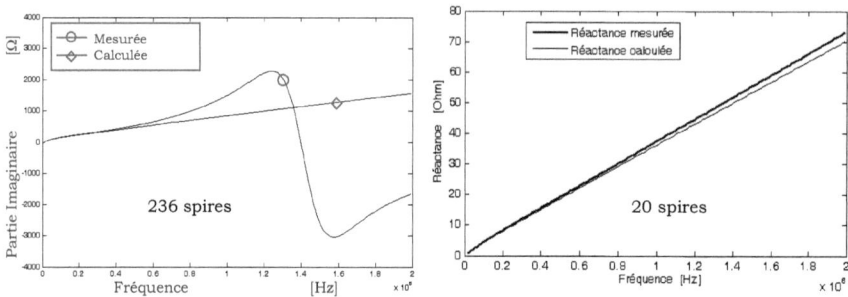

Figure III. 22 Comparaison des modèles RL et RLC aux mesures (Bobinage en longueur)

III.4 EXPERIMENTATION ET RESULTATS

La méthode développée précédemment a été appliquée pour mesurer la conductivité électrique d'un ensemble de matériaux composites utilisés dans l'industrie aéronautique.

Pour valider le modèle nous avons également testé la technique développée sur une plaque de zirconium pur pour laquelle la conductivité électrique est parfaitement connue.

III.4.1 Géométrie retenue

Après optimisation et étude de sensibilité, les géométries retenues pour l'inducteur et la plaque dans le cas du zirconium sont données par le Tableau III. 4.

Tableau III. 4 Géométrie retenue

Plaque		Bobine		
Longueur [mm]	Largeur [mm]	Diamètre [mm]	Nombre de spires	d_x [mm]
200	100	0.25	20	80

III.4.2 Validation

La conductivité du zirconium est de 2.2×10^6 $\Omega^{-1} \cdot m^{-1}$. Nous avons appliqué la méthodologie du problème inverse pour retrouver la conductivité. La Figure III. 23 montre la convergence de l'algorithme. La valeur initiale de la conductivité électrique était égale à $\sigma_0 = 1 \times 10^4$. Après un nombre voisin de 40 itérations la valeur de conductivité converge vers une valeur de $\sigma = 2.1 \times 10^6$, ce qui représente une erreur de 5% par rapport à la valeur réelle.

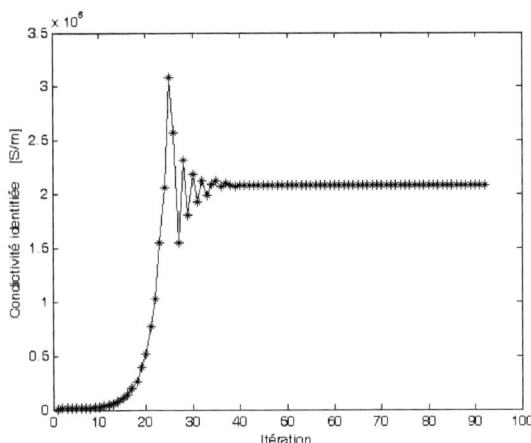

Figure III. 23 Convergence de l'algorithme

La Figure III. 24 montre la résolution du problème direct avec la valeur de conductivité réelle dans deux cas:
- le modèle alimentation en tension (modèle 1),
- le modèle alimentation en courant (modèle 2),

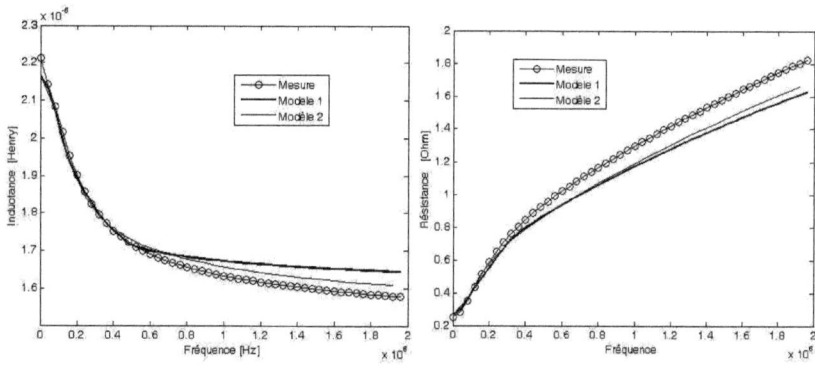

Figure III. 24 Comparaison de l'impédance mesurée et calculée avec les modèles numériques

On s'aperçoit que la prise en compte de la répartition des courants dans l'inducteur améliore sensiblement le calcul de l'inductance et dans une moindre mesure celui de la résistance.

Dans le cas du zirconium et pour la géométrie retenue (Tableau III. 4), le modèle est valable pour les fréquences inférieures à 500kHz. Dans cette plage de fréquences l'écart relatif, entre les calculs et les mesures, est raisonnable mais celui-ci devient important dés qu'on sort de cette plage. Ceci est dû au fait que l'effet des capacités parasites n'est pas pris en compte dans le modèle.

III.4.3 Résultats pour les matériaux composites

Cette méthode a été appliquée dans le cas des matériaux composites fournis par la société Airbus. Pour des raisons de confidentialité les résultats obtenus seront donnés et exploités au chapitre V. En l'absence de données comparatives, la qualité des résultats obtenus sera jugée indirectement par la capacité du logiciel à décrire le comportement réel de l'installation.

III.5 Conclusion

Nous avons présenté les méthodes d'identification de la conductivité électrique des matériaux composites. Les méthodes sans contact, basées sur les courants induits, semblent les mieux adaptées. Un dispositif fonctionnant sur le même principe que ces méthodes a été mis en place. Celui-ci est associé à un modèle de calcul et à une méthode de mesure expérimentale de l'impédance. L'identification de la conductivité électrique se fait par une méthode itérative basée sur les techniques du problème inverse. Dans chaque itération la conductivité est modifiée et l'impédance calculée est comparée à celle mesurée. Le processus itératif s'arrête lorsque les calculs sont confondus aux mesures. L'algorithme a été conçu de telle sorte que la valeur de la conductivité soit évaluée dans les conditions où la sensibilité est maximale.

La méthode est validée sur un matériau homogène et isotrope de conductivité électrique connue.

Chapitre IV : Modèles électromagnétique et thermiques développés

IV.1 Introduction.. 110
IV.2 Modéle Electromagnétique des plaques anisotropes........................ 111
    IV.2.1 Elément coque anisotrope monocouche 111
        IV.2.1.1 Solutions analytiques 112
        IV.2.1.2 Solution numérique.. 116
    IV.2.2 Elément coque anisotrope multicouche................................... 121
        IV.2.2.1 Impédance de surface anisotrope du composite multicouches 122
        IV.3.2.2 Formulation élément coque anisotrope multicouche.......... 124
        IV.3.2.3 Densité de puissance induite dans le composite multicouche 124
IV.3 Validation des modèles isotrope et anisotrope 127
    IV.3.1 Validation du modèle isotrope... 127
    IV.3.2 Validation du modèle anisotrope... 128
        IV.3.2.1 Eléments coques anisotropes monocouche....................... 129
        IV.3.2.2 Eléments coques anisotropes multicouches 132
    IV.3.3 Influence de l'anisotropie sur le comportement électromagnétique et thermique des matériaux composites 133
IV.6 Conclusion 135

IV.1 INTRODUCTION

Les matériaux composites sont généralement anisotropes et multicouches. Les modèles électromagnétique et thermique doivent prendre en compte ces aspects. D'autre part, dans nos applications, les plaques de composite sont d'épaisseurs très faibles par rapport aux autres dimensions. Par conséquent, dans le problème électromagnétique, seront présentes des régions minces pour lesquelles une formulation en éléments coques est préférable.

Dans ce chapitre nous introduirons un modèle éléments coques anisotrope multicouche pour la résolution de l'équation électromagnétique.

Le problème thermique sera résolu par un modèle éléments finis 3D dans la plaque.

IV.2 MODELE ELECTROMAGNETIQUE DES PLAQUES ANISOTROPES

IV.2.1 Elément coque anisotrope monocouche [BENS 05a]

Considérons une plaque de composite monocouche d'épaisseur e et de dimensions infinies suivant x et y. Ses deux faces sont respectivement soumises à deux champs uniformes sinusoïdaux tangentiels, (Figure IV. 1).

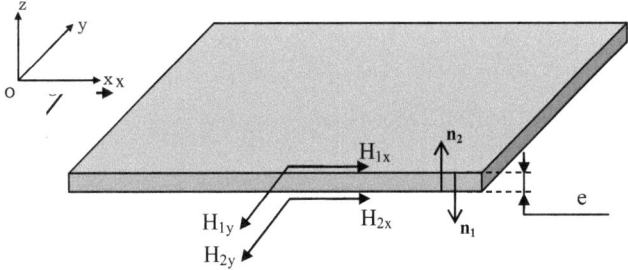

Figure IV. 1 Plaque conductrice anisotrope soumise à deux champs tangentiels

La conductivité électrique suivant l'épaisseur de la plaque de composite monocouche peut être considérée nulle. Le tenseur de conductivité électrique s'écrit alors:

$$[\sigma] = \begin{pmatrix} \sigma_{xx} & \sigma_{xy} & 0 \\ \sigma_{yx} & \sigma_{yy} & 0 \\ 0 & 0 & 0 \end{pmatrix} \quad \text{(IV- 1)}$$

Le problème de la figure IV.1 peut être représenté par le système d'équation différentielle ci-dessous (Annexe D):

$$\begin{cases} \dfrac{d^2 H_x(z)}{dz^2} - j\omega\mu\sigma_{yy} H_x(z) = -j\omega\mu\sigma_{xy} H_y(z) \\ \dfrac{d^2 H_y(z)}{dz^2} - j\omega\mu\sigma_{xx} H_y(z) = -j\omega\mu\sigma_{yx} H_x(z) \end{cases} \qquad \text{(IV-2)}$$

La formulation éléments coques généralisés anisotrope que nous avons développé est une combinaison de deux types de solutions [BENS 05a][BENS 06] :

1. Une solution analytique : qui permet de prendre en compte la variation des grandeurs suivant l'épaisseur de la plaque, en connaissant les solutions sur les surfaces de la plaque (annexe D).
2. Une solution numérique : qui permet d'avoir les solutions aux surfaces de l'élément coque.

IV.2.1.1 Solutions analytiques

La solution du problème est donnée par :

$$\begin{cases} H_x(z) = \dfrac{1}{(K_2 - K_1)\cdot \sinh(eP_1)}\left[(K_2 H_{1x} - H_{1y})\cdot \sinh\left(\dfrac{e}{2}P_1 + P_1 z\right) + (K_2 H_{2x} - H_{2y})\cdot \sinh\left(\dfrac{e}{2}P_1 - P_1 z\right) \right] \\ \qquad + \dfrac{1}{(K_2 - K_1)\cdot \sinh(eP_2)}\left[(H_{1y} - K_1 H_{1x})\cdot \sinh\left(\dfrac{e}{2}P_2 + P_2 z\right) + (H_{2y} - K_1 H_{2x})\cdot \sinh\left(\dfrac{e}{2}P_2 - P_2 z\right) \right] \\ H_y(z) = \dfrac{K_1}{(K_2 - K_1)\cdot \sinh(eP_1)}\left[(K_2 H_{1x} - H_{1y})\cdot \sinh\left(\dfrac{e}{2}P_1 + P_1 z\right) + (K_2 H_{2x} - H_{2y})\cdot \sinh\left(\dfrac{e}{2}P_1 - P_1 z\right) \right] \\ \qquad + \dfrac{K_2}{(K_2 - K_1)\cdot \sinh(eP_2)}\left[(H_{1y} - K_1 H_{1x})\cdot \sinh\left(\dfrac{e}{2}P_2 + P_2 z\right) + (H_{2y} - K_1 H_{2x})\cdot \sinh\left(\dfrac{e}{2}P_2 - P_2 z\right) \right] \end{cases}$$

(IV-3)

Où K_1, K_2, P_1 et P_2 sont des paramètres fonction des composantes du tenseur de conductivité, de la perméabilité magnétique et de la fréquence du champ magnétique. Le détail de ce calcul se trouve en annexe D.

L'expression de la densité de courant induit se déduit de l'équation de Maxwell-Ampère suivante :

$$\mathbf{rot}\,\mathbf{H}(z) = \mathbf{J}(z) = -\mathbf{n}_1 \times \frac{\partial \mathbf{H}(z)}{\partial z} \qquad \text{(IV-4)}$$

Les composantes en x et y de la densité de courant sont variables suivant l'épaisseur de la plaque, tel que :

$$\begin{cases} J_x = -\dfrac{dH_y}{dz} \\ J_y = \dfrac{dH_x}{dz} \end{cases} \qquad \text{(IV-5)}$$

La composante suivant z de la densité de courant est nulle.

En dérivant la solution analytique par rapport à z, nous obtenons la densité de courant en fonction de la profondeur z donnée par :

$$\begin{cases} J_x = \dfrac{-P_1 K_1}{(K_2-K_1)\cdot \sinh(eP_1)}\left[(K_2 H_{1x}-H_{1y})\cdot \cosh\left(\dfrac{e}{2}P_1+P_1 z\right)-(K_2 H_{2x}-H_{2y})\cdot \cosh\left(\dfrac{e}{2}P_1-P_1 z\right)\right] \\ \qquad -\dfrac{P_2 K_2}{(K_2-K_1)\cdot \sinh(eP_2)}\left[(H_{1y}-K_1 H_{1x})\cdot \cosh\left(\dfrac{e}{2}P_2+P_2 z\right)-(H_{2y}-K_1 H_{2x})\cdot \cosh\left(\dfrac{e}{2}P_2-P_2 z\right)\right] \\ J_y = \dfrac{P_1}{(K_2-K_1)\cdot \sinh(eP_1)}\left[(K_2 H_{1x}-H_{1y})\cdot \cosh\left(\dfrac{e}{2}P_1+P_1 z\right)-(K_2 H_{2x}-H_{2y})\cdot \cosh\left(\dfrac{e}{2}P_1-P_1 z\right)\right] \\ \qquad +\dfrac{P_2}{(K_2-K_1)\cdot \sinh(eP_2)}\left[(H_{1y}-K_1 H_{1x})\cdot \cosh\left(\dfrac{e}{2}P_2+P_2 z\right)-(H_{2y}-K_1 H_{2x})\cdot \cosh\left(\dfrac{e}{2}P_2-P_2 z\right)\right] \end{cases}$$
(IV-6)

De la forme locale de la loi d'Ohm on déduit que :

$$\mathbf{E} = [\sigma]^{-1}\cdot \mathbf{J} \qquad \text{(IV-7)}$$

$$\begin{pmatrix} E_x \\ E_y \end{pmatrix} = \begin{pmatrix} \dfrac{\sigma_{yy}}{\det} & \dfrac{-\sigma_{xy}}{\det} \\ \dfrac{-\sigma_{yx}}{\det} & \dfrac{\sigma_{xx}}{\det} \end{pmatrix} \begin{pmatrix} J_x \\ J_y \end{pmatrix} \qquad (IV\text{-}8)$$

Avec :

$$\det = \sigma_{xx}\sigma_{yy} - (\sigma_{xy})^2$$

$$\begin{cases} E_x = \dfrac{\sigma_{yy}}{\det} J_x - \dfrac{\sigma_{xy}}{\det} J_y \\ E_y = \dfrac{\sigma_{xx}}{\det} J_y - \dfrac{\sigma_{yx}}{\det} J_x \end{cases} \qquad (IV\text{-}9)$$

En remplaçant l'expression des composantes de la densité de courant (IV-6) dans (IV-8) nous obtenons l'expression des composantes en x et y du champ électrique **E** dans la plaque anisotrope:

$$\begin{cases} E_x = \dfrac{-P_1(\sigma_{yy}K_1 + \sigma_{xy})}{\det\cdot(K_2 - K_1)\cdot\sinh(eP_1)} \left[(K_2 H_{1x} - H_{1y})\cdot\cosh\left(\dfrac{e}{2}P_1 + P_1 z\right) - (K_2 H_{2x} - H_{2y})\cdot\cosh\left(\dfrac{e}{2}P_1 - P_1 z\right) \right] \\ \qquad - \dfrac{P_2(\sigma_{yy}K_2 + \sigma_{xy})}{\det\cdot(K_2 - K_1)\cdot\sinh(eP_2)} \left[(H_{1y} - K_1 H_{1x})\cdot\cosh\left(\dfrac{e}{2}P_2 + P_2 z\right) - (H_{2y} - K_1 H_{2x})\cdot\cosh\left(\dfrac{e}{2}P_2 - P_2 z\right) \right] \\ E_y = \dfrac{P_1(\sigma_{xx} + \sigma_{xy}K_1)}{\det\cdot(K_2 - K_1)\cdot\sinh(eP_1)} \left[(K_2 H_{1x} - H_{1y})\cdot\cosh\left(\dfrac{e}{2}P_1 + P_1 z\right) - (K_2 H_{2x} - H_{2y})\cdot\cosh\left(\dfrac{e}{2}P_1 - P_1 z\right) \right] \\ \qquad + \dfrac{P_2(\sigma_{xx} + \sigma_{xy}K_2)}{\det\cdot(K_2 - K_1)\cdot\sinh(eP_2)} \left[(H_{1y} - K_1 H_{1x})\cdot\cosh\left(\dfrac{e}{2}P_2 + P_2 z\right) - (H_{2y} - K_1 H_{2x})\cdot\cosh\left(\dfrac{e}{2}P_2 - P_2 z\right) \right] \end{cases}$$

(IV- 10)

Le champ électrique **E** n'est variable que suivant z.

Densité de puissance induite

La densité de puissance induite dans le matériau composite monocouche est :

$$P = J \cdot E^t \qquad (IV\text{-}11)$$

En remplaçant (IV-9) dans (IV-11) on obtient la relation qui permet de calculer la densité de puissance induite dans la plaque de composite monocouche :

$$P = \frac{\sigma_{yy}}{\det} \cdot J_x^2 - 2 \cdot \frac{\sigma_{xy}}{\det} \cdot J_x \cdot J_y + \frac{\sigma_{xx}}{\det} \cdot J_y^2 \qquad (IV\text{-}12)$$

Dans le cas particulier où $\sigma_{xy} = \sigma_{yx} = 0$, les équations sont simplifiées et deviennent :

$$\begin{cases} H_x(z) = \dfrac{1}{\sinh(e\gamma_y)}\left[H_{1x} \cdot \sinh\left(\dfrac{e}{2}\gamma_y + \gamma_y z\right) + H_{2x} \cdot \sinh\left(\dfrac{e}{2}\gamma_y - \gamma_y z\right) \right] \\ H_y(z) = \dfrac{1}{\sinh(e\gamma_x)}\left[H_{1y} \cdot \sinh\left(\dfrac{e}{2}\gamma_x + \gamma_x z\right) + H_{2y} \cdot \sinh\left(\dfrac{e}{2}\gamma_x - \gamma_x z\right) \right] \end{cases} (IV\text{-}13)$$

La densité du courant induit dans ce cas s'écrit :

$$\begin{cases} J_x = \dfrac{-\gamma_x}{\sinh(e\gamma_x)}\left[H_{1y} \cdot \cosh\left(\dfrac{e}{2}\gamma_x + \gamma_x z\right) - H_{2y} \cdot \cosh\left(\dfrac{e}{2}\gamma_x - \gamma_x z\right) \right] \\ J_y = \dfrac{\gamma_y}{\sinh(e\gamma_y)}\left[H_{1x} \cdot \cosh\left(\dfrac{e}{2}\gamma_y + \gamma_y z\right) - H_{2x} \cdot \cosh\left(\dfrac{e}{2}\gamma_y - \gamma_y z\right) \right] \end{cases} (IV\text{-}14)$$

Les composantes en x et y (IV-9) du champ électrique **E** s'écrivent dans ce cas :

$$\begin{cases} E_x = \dfrac{1}{\sigma_{xx}} J_x \\ E_y = \dfrac{1}{\sigma_{yy}} J_y \end{cases} \qquad (IV\text{-}15)$$

En remplaçant l'expression de la densité de courant (IV-14) dans (IV-15), nous obtenons :

$$\begin{cases} E_x = \dfrac{-\gamma_x}{\sigma_{xx} \cdot \sinh(e\gamma_x)} \left[H_{1y} \cdot \cosh\left(\dfrac{e}{2}\gamma_x + \gamma_x z\right) - H_{2y} \cdot \cosh\left(\dfrac{e}{2}\gamma_x - \gamma_x z\right) \right] \\ E_y = \dfrac{\gamma_y}{\sigma_{yy} \cdot \sinh(e\gamma_y)} \left[H_{1x} \cdot \cosh\left(\dfrac{e}{2}\gamma_y + \gamma_y z\right) - H_{2x} \cdot \cosh\left(\dfrac{e}{2}\gamma_y - \gamma_y z\right) \right] \end{cases}$$

(IV- 16)

Densité de puissance induite

La densité de puissance induite dans le matériau composite monocouche dans ce cas, se déduit de (IV-12) :

$$P = \dfrac{1}{\sigma_{xx}} \cdot J_x^{\,2} + \dfrac{1}{\sigma_{yy}} \cdot J_y^{\,2} \qquad \text{(IV- 17)}$$

IV.2.1.2 Solution numérique

La solution numérique est donnée par le potentiel scalaire magnétique réduit dans tout le domaine d'étude suivant:

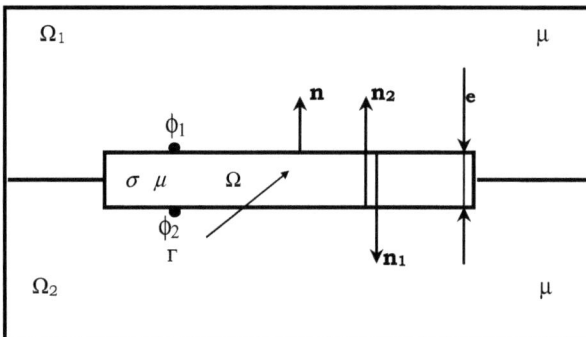

Figure IV. 2 Représentation du problème

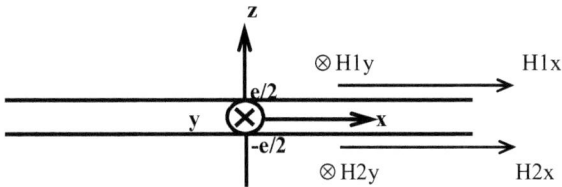

Figure IV. 3 Notation Elément coque

Impédance de surface d'une plaque anisotrope monocouche

Les équations (IV-4) et (IV-5) permettent d'écrire :

$$\begin{pmatrix} E_x \\ E_y \end{pmatrix} = \begin{pmatrix} \dfrac{\sigma_{yy}}{\det} & \dfrac{-\sigma_{xy}}{\det} \\ \dfrac{-\sigma_{yx}}{\det} & \dfrac{\sigma_{xx}}{\det} \end{pmatrix} \cdot \left(\mathbf{n_1} \times \begin{pmatrix} -\dfrac{dH_x}{dz} \\ -\dfrac{dH_y}{dz} \end{pmatrix} \right) = \mathbf{n_1} \times \left(\begin{pmatrix} \dfrac{\sigma_{xx}}{\det} & \dfrac{\sigma_{yx}}{\det} \\ \dfrac{\sigma_{xy}}{\det} & \dfrac{\sigma_{yy}}{\det} \end{pmatrix} \cdot \begin{pmatrix} -\dfrac{dH_x}{dz} \\ -\dfrac{dH_y}{dz} \end{pmatrix} \right) \quad \text{(IV- 18)}$$

La dérivée par rapport à z de (IV-3) et en remplaçant les expressions obtenues dans (IV-18), on obtient :

$$\begin{pmatrix} E_x \\ E_y \end{pmatrix} = n_1 \times \begin{pmatrix} \dfrac{P_1(\sigma_{yx}K_1 + \sigma_{xx})}{\det \cdot (K_2 - K_1) \cdot \sinh(eP_1)} \left[(K_2 H_{2x} - H_{2y}) \cdot \cosh\left(\dfrac{e}{2}P_1 - P_1 z\right) - (K_2 H_{1x} - H_{1y}) \cdot \cosh\left(\dfrac{e}{2}P_1 + P_1 z\right) \right] \\ + \dfrac{P_2(\sigma_{yx}K_2 + \sigma_{xx})}{\det \cdot (K_2 - K_1) \cdot \sinh(eP_2)} \left[(H_{2y} - K_1 H_{2x}) \cdot \cosh\left(\dfrac{e}{2}P_2 - P_2 z\right) - (H_{1y} - K_1 H_{1x}) \cdot \cosh\left(\dfrac{e}{2}P_2 + P_2 z\right) \right] \\ \\ \dfrac{P_1(\sigma_{yy}K_1 + \sigma_{xy})}{\det \cdot (K_2 - K_1) \cdot \sinh(eP_1)} \left[(K_2 H_{2x} - H_{2y}) \cdot \cosh\left(\dfrac{e}{2}P_1 - P_1 z\right) - (K_2 H_{1x} - H_{1y}) \cdot \cosh\left(\dfrac{e}{2}P_1 + P_1 z\right) \right] \ldots \\ + \dfrac{P_2(\sigma_{yy}K_2 + \sigma_{xy})}{\det \cdot (K_2 - K_1) \cdot \sinh(eP_2)} \left[(H_{2y} - K_1 H_{2x}) \cdot \cosh\left(\dfrac{e}{2}P_2 - P_2 z\right) - (H_{1y} - K_1 H_{1x}) \cdot \cosh\left(\dfrac{e}{2}P_2 + P_2 z\right) \right] \end{pmatrix}$$

(IV- 19)

Comme pour le champ magnétique **H**, les composantes du champ électrique **E** aux surfaces limitrophes de la plaque de composite sont données par :

$$\begin{cases} E_{1x} = E_x\left(\dfrac{e}{2}\right) \\ E_{1y} = E_y\left(\dfrac{e}{2}\right) \end{cases} \quad \text{et} \quad \begin{cases} E_{2x} = E_x\left(-\dfrac{e}{2}\right) \\ E_{2y} = E_y\left(-\dfrac{e}{2}\right) \end{cases} \quad \text{(IV- 20)}$$

En remplaçant (IV-20) dans (IV-19) nous obtenons la relation « impédance de surface anisotrope monocouche » qui lie les composantes tangentielles des champs électriques et magnétiques :

$$\begin{pmatrix} E_{1x} \\ E_{1y} \end{pmatrix} = \mathbf{n_1} \times \begin{pmatrix} -\alpha_{xx} & -\alpha_{xy} & \beta_{xx} & \beta_{xy} \\ -\alpha_{yx} & -\alpha_{yy} & \beta_{yx} & \beta_{yy} \end{pmatrix} \cdot \begin{pmatrix} H_{1x} \\ H_{1y} \\ H_{2x} \\ H_{2y} \end{pmatrix} \quad \text{(IV- 21)}$$

$$\begin{pmatrix} E_{2x} \\ E_{2y} \end{pmatrix} = \mathbf{n_1} \times \begin{pmatrix} -\beta_{xx} & -\beta_{xy} & \alpha_{xx} & \alpha_{xy} \\ -\beta_{yx} & -\beta_{yy} & \alpha_{yx} & \alpha_{yy} \end{pmatrix} \cdot \begin{pmatrix} H_{1x} \\ H_{1y} \\ H_{2x} \\ H_{2y} \end{pmatrix} \quad \text{(IV- 22)}$$

Les relations (IV-21et (IV-22) peuvent s'écrire ensemble, comme suit :

$$\begin{pmatrix} \mathbf{E_1} \\ \mathbf{E_2} \end{pmatrix} = \mathbf{n_1} \times \begin{pmatrix} -[\alpha] & [\beta] \\ -[\beta] & [\alpha] \end{pmatrix} \begin{pmatrix} \mathbf{H_{1s}} \\ \mathbf{H_{2s}} \end{pmatrix} \quad \text{(IV- 23)}$$

Avec, $\quad [\alpha] = \begin{pmatrix} \alpha_{xx} & \alpha_{xy} \\ \alpha_{yx} & \alpha_{yy} \end{pmatrix} \text{ et } [\beta] = \begin{pmatrix} \beta_{xx} & \beta_{xy} \\ \beta_{yx} & \beta_{yy} \end{pmatrix} \quad$ (IV- 24)

Les coefficients tensoriels [α] et [β] sont donnée en Annexe D.

Formulation de l'élément coque anisotrope monocouche

Pour obtenir la formulation élément coque anisotrope, il faut d'abord réécrire la formulation intégrale en potentiel scalaire magnétique réduit dans la région Ω_1 définit par :

$$\int_{\Omega_1} \mu_1 \cdot \mathbf{grad}\, w \cdot \mathbf{grad}\, \Phi_1 d\Omega_1 - \frac{1}{j\omega} \int_{\Gamma} (\mathbf{E_1} \times \mathbf{n_1}) \cdot \mathbf{grad}\, w \; d\Gamma = \int_{\Gamma} w \cdot \mu_1\, \mathbf{H_j} \cdot \mathbf{n_1} d\Gamma$$

(IV- 25)

En remplaçant $\mathbf{E_1}$ par son expression (IV-21) dans (IV-25) et en utilisant la propriété [$\mathbf{n} \times (\mathbf{n} \times \mathbf{H_s}) = (\mathbf{n} \cdot \mathbf{H_s})\mathbf{n} - (\mathbf{n} \cdot \mathbf{n})\mathbf{H_s}$], nous obtenons :

$$\int_{\Omega_1} \mu_1 \cdot \mathbf{grad}\, w \cdot \mathbf{grad}\, \Phi_1 d\Omega_1 - \int_{\Gamma} \mu_1 \cdot w \cdot \mathbf{H_j} \cdot \mathbf{n_1} d\Gamma =$$
$$\frac{1}{j\omega} \int_{\Gamma} \mathbf{grad}_s w \cdot \begin{pmatrix} \alpha_{xx} & \alpha_{xy} & -\beta_{xx} & -\beta_{xy} \\ \alpha_{yx} & \alpha_{yy} & -\beta_{yx} & -\beta_{yy} \end{pmatrix} \cdot \begin{pmatrix} H_{1x} \\ H_{1y} \\ H_{2x} \\ H_{2y} \end{pmatrix} d\Gamma \quad \text{(IV- 26)}$$

$\mathbf{R}$

Les composantes du champ magnétique tangentiel, de part et d'autre des surfaces de la plaque de composite, en fonction du champ source et du potentiel scalaire réduit, s'écrivent :

$$\begin{cases} H_{1x} = H_{jx} - \text{grad}\, \Phi_{1x} \\ H_{1y} = H_{jy} - \text{grad}\, \Phi_{1y} \end{cases} \quad \text{(IV- 27)}$$

$$\begin{cases} H_{2x} = H_{jx} - \text{grad}\, \Phi_{2x} \\ H_{2y} = H_{jy} - \text{grad}\, \Phi_{2y} \end{cases} \quad \text{(IV- 28)}$$

En remplaçant (IV-27) et (IV-28) dans le terme $\mathbf{R}$ de (IV-26), on obtient :

$$\begin{pmatrix} \alpha_{xx} & \alpha_{xy} & -\beta_{xx} & -\beta_{xy} \\ \alpha_{yx} & \alpha_{yy} & -\beta_{yx} & -\beta_{yy} \end{pmatrix} \cdot \begin{pmatrix} H_{1x} \\ H_{1y} \\ H_{2x} \\ H_{2y} \end{pmatrix} = \begin{bmatrix} (\alpha_{xx} - \beta_{xx}) & (\alpha_{xy} - \beta_{xy}) \end{bmatrix} \begin{pmatrix} H_{jx} \\ H_{jy} \end{pmatrix} -$$

$$\begin{pmatrix} \alpha_{xx} & \alpha_{xy} \end{pmatrix} \cdot \mathbf{grad}_s(\Phi_1) + \begin{pmatrix} \beta_{xx} & \beta_{xy} \end{pmatrix} \cdot \mathbf{grad}_s \Phi_2$$

(IV- 29)

La formulation élément coque anisotrope monocouche dans la région Ω_1 s'écrit alors:

$$\int_{\Omega_1} \mu_1 \cdot \mathbf{grad}\, w \cdot \mathbf{grad}\, \Phi_1 \cdot d\Omega_1 + \frac{1}{j\omega} \int_{\Gamma} \mathbf{grad}_s w \cdot \begin{pmatrix} \alpha_{xx} & \alpha_{xy} \\ \alpha_{yx} & \alpha_{yy} \end{pmatrix} \cdot \mathbf{grad}_s \Phi_1 \, d\Gamma -$$

$$\frac{1}{j\omega} \int_{\Gamma} \mathbf{grad}_s w \cdot \begin{pmatrix} \beta_{xx} & \beta_{xy} \\ \beta_{yx} & \beta_{yy} \end{pmatrix} \cdot \mathbf{grad}_s \Phi_2 \, d\Gamma_2 = \int_{\Gamma} \mu_1 \cdot w \cdot \mathbf{H_j} \cdot \mathbf{n_1} \cdot d\Gamma +$$

$$\frac{1}{j\omega} \int_{\Gamma} \mathbf{grad}_s w \cdot \begin{bmatrix} (\alpha_{xx} - \beta_{xx}) & (\alpha_{xy} - \beta_{xy}) \\ (\alpha_{yx} - \beta_{yx}) & (\alpha_{yy} - \beta_{yy}) \end{bmatrix} \cdot \begin{pmatrix} H_{jx} \\ H_{jy} \end{pmatrix} \cdot d\Gamma$$

(IV- 30)

Cette formulation dans la région voisine Ω_2 s'obtient par permutation des indices 1 et 2 de (VI-30).

En annulant le terme dû au champ source $\mathbf{H_j}$, nous obtenons la formulation élément coque anisotrope monocouche en potentiel scalaire totale.

Dans le cas particulier où $\sigma_{xy} = \sigma_{yx} = 0$, $[\alpha]$ et $[\beta]$ deviennent alors :

$$\begin{pmatrix} \mathbf{E_k} \\ \mathbf{E_{k+1}} \end{pmatrix} = \mathbf{n_1} \times \begin{pmatrix} -[\alpha_k] & [\beta_k] \\ -[\beta_k] & [\alpha_k] \end{pmatrix} \begin{pmatrix} \mathbf{H_{(k)s}} \\ \mathbf{H_{(k+1)s}} \end{pmatrix} \qquad \text{(IV- 34)}$$

Il sera obtenu p relations d'impédance de surface anisotrope monocouche pour les p couches du composite.

La relation (IV-34) pour les trois premières couches s'écrit :

$$\begin{cases} \mathbf{E_1} = \mathbf{n_1} \times ([\beta_1] \cdot \mathbf{H_{(2)s}} - [\alpha_1] \cdot \mathbf{H_{(1)s}}) \\ \mathbf{E_2} = \mathbf{n_1} \times ([\alpha_1] \cdot \mathbf{H_{(2)s}} - [\beta_1] \cdot \mathbf{H_{(1)s}}) \end{cases} \qquad \text{(IV- 35)}$$

$$\begin{cases} \mathbf{E_2} = \mathbf{n_1} \times ([\beta_2] \cdot \mathbf{H_{(3)s}} - [\alpha_2] \cdot \mathbf{H_{(2)s}}) \\ \mathbf{E_3} = \mathbf{n_1} \times ([\alpha_2] \cdot \mathbf{H_{(3)s}} - [\beta_2] \cdot \mathbf{H_{(2)s}}) \end{cases} \qquad \text{(IV- 36)}$$

$$\begin{cases} \mathbf{E_3} = \mathbf{n_1} \times ([\beta_3] \cdot \mathbf{H_{(4)s}} - [\alpha_3] \cdot \mathbf{H_{(3)s}}) \\ \mathbf{E_4} = \mathbf{n_1} \times ([\alpha_3] \cdot \mathbf{H_{(4)s}} - [\beta_3] \cdot \mathbf{H_{(3)s}}) \end{cases} \qquad \text{(IV- 37)}$$

La relation (IV-24) pour la dernière couche (d'indice p) s'écrit :

$$\begin{cases} \mathbf{E_p} = \mathbf{n_1} \times ([\beta_p] \cdot \mathbf{H_{(p+1)s}} - [\alpha_p] \cdot \mathbf{H_{(p)s}}) \\ \mathbf{E_{p+1}} = \mathbf{n_1} \times ([\alpha_p] \cdot \mathbf{H_{(p+1)s}} - [\beta_p] \cdot \mathbf{H_{(p)s}}) \end{cases} \qquad \text{(IV- 38)}$$

Au passage entre deux couches de conductivités différentes, les composantes tangentielles des champs électriques et magnétiques sont conservées.

En éliminant les champs électrique et magnétique d'indice 2 à p de ces équations on obtient alors une relation de la forme suivante (annexe F) :

$$\begin{pmatrix} \mathbf{E_1} \\ \mathbf{E_{p+1}} \end{pmatrix} = \mathbf{n_1} \times \begin{pmatrix} -[\alpha_{1p}] & [\beta_{1p}] \\ -[\beta_{p1}] & [\alpha_{p1}] \end{pmatrix} \begin{pmatrix} \mathbf{H_{(1)s}} \\ \mathbf{H_{(p+1)s}} \end{pmatrix} \qquad \text{(IV- 39)}$$

La figure IV.5 présente l'algorithme qui donne la démarche pour un composite de p couches.

IV.3.2.2 Formulation élément coque anisotrope multicouche

La formulation élément coque anisotrope du composite multicouche a la même écriture que celle du composite monocouche (IV-30), sauf que les coefficients α et β sur la région Ω_1 sont remplacés par $[\alpha_{1p}]$ et $[\beta_{1p}]$ et sur la région Ω_2 par $[\alpha_{p1}]$ et $[\beta_{p1}]$, tel que :

$$[\alpha_{1p}] = \begin{pmatrix} \alpha_{(1p)xx} & \alpha_{(1p)xy} \\ \alpha_{(1p)yx} & \alpha_{(1p)yy} \end{pmatrix} \text{ et } [\beta_{1p}] = \begin{pmatrix} \beta_{(1p)xx} & \beta_{(1p)xy} \\ \beta_{(1p)yx} & \beta_{(1p)yy} \end{pmatrix}$$

La permutation entre les indices p et 1 permet d'avoir les coefficients $[\alpha_{p1}]$ et $[\beta_{p1}]$.

La solution numérique permet de calculer le champ magnétique sur les surfaces supérieure et inférieure de la plaque de composite multicouche à p couches, à l'aide de la relation champ magnétique total :

$$\begin{cases} H_{1x} = H_{jx} - \text{grad } \Phi_{1x} \\ H_{1y} = H_{jy} - \text{grad } \Phi_{1y} \end{cases} \quad \text{(IV- 40)}$$

$$\begin{cases} H_{(p+1)x} = H_{jx} - \text{grad } \Phi_{2x} \\ H_{(p+1)y} = H_{jy} - \text{grad } \Phi_{2y} \end{cases} \quad \text{(IV- 41)}$$

IV.3.2.3 Densité de puissance induite dans le composite multicouche

Une fois le problème résolu, la valeur des champs tangentiels sur les surfaces supérieure et inférieure du composite est connue. Chaque couche possédant une densité de puissance différente. La résolution fine du problème thermique nécessite la connaissance précise de ces densités.

De plus, l'angle d'orientation des couches dans le matériau composite étant différent d'une couche à une autre, le tenseur de conductivité est alors différent. L'application de la formule (IV-12) pour le calcul de la densité de puissance induite dans le composite multicouche, nécessite le calcul de la densité de courant dans chaque couche.

La densité de courant induit dans les couches de composite est donnée par les relations (IV-6) et (IV-14). Celle-ci nécessite le calcul des champs magnétiques tangentiels sur les surfaces supérieure et inférieure de chaque couche.

Ceci se fait par un algorithme inverse calculant pas à pas les champs dans les différentes couches en utilisant la relation (IV-34). La figure IV.6 présente cet algorithme.

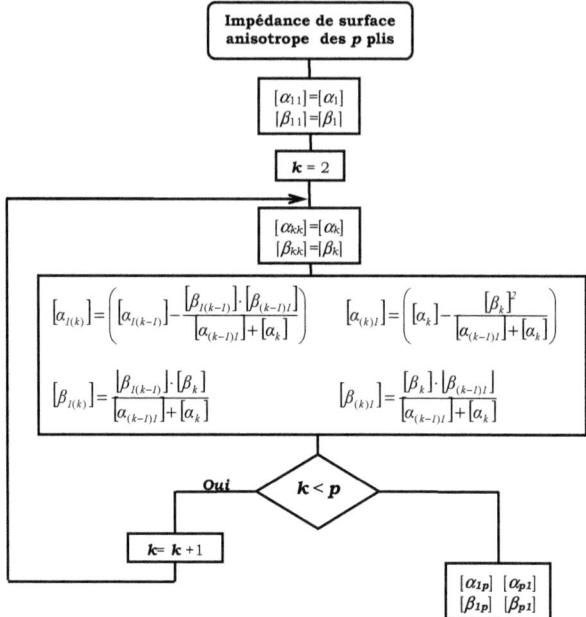

Figure IV. 5 Algorithme direct

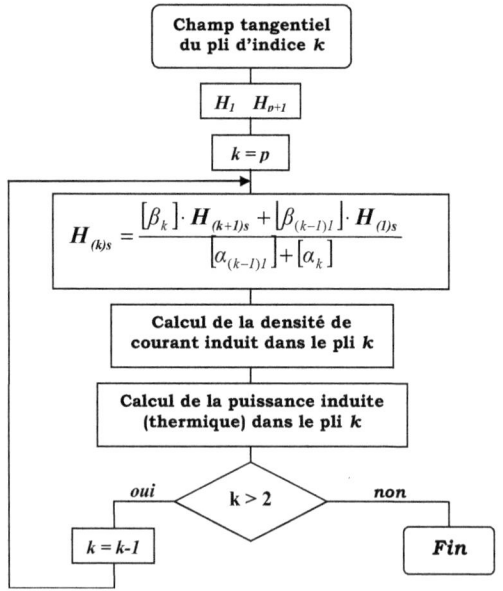

Figure IV. 6 Algorithme inverse

IV.3 Validation des modèles isotrope et anisotrope

Nous avons validé notre modèle dans le cas isotrope en comparant notre modèle avec les résultats fournis par [GUER 94].

Le modèle anisotrope quant à lui, a été confronté aux résultats expérimentaux obtenus sur un matériau composite anisotrope.

IV.3.1 Validation du modèle isotrope

Nous avons repris le même cas de validation des éléments coques isotropes généralisés décrit dans [GUER 94]. Il s'agit d'une plaque conductrice homogène et isotrope d'épaisseur égale à 1mm, de largeur de 10 cm, de longueur infinie, de conductivité électrique égale à 5.6×10^7 $(\Omega \cdot m)^{-1}$ et de perméabilité relative égale à 1. La plaque est plongée dans un champ magnétique tangentiel uniforme sinusoïdal. Et la fréquence est prise égale à 100kHz. Le tableau IV.1 présente les différents résultats obtenus.

Tableau IV. 1 Puissance par unité de longueur (par rapport à oy), plaque conductrice isotrope soumise à un champ longitudinal suivant oy (demi plaque simulée)

	Eléments coques [GUER 94]	2D éléments finis [GUER 94]	Notre modèle
Puissance active [Watt]	4,28	4,26	4,29
Puissance réactive [VAR]	4,16	4,13	4,18

Ces résultats valident notre modèle pour le cas où les propriétés physiques sont isotropes.

IV.3.2 Validation du modèle anisotrope

Dans l'installation de chauffage par induction, nous disposons d'un inducteur droit mono-spire, branché à un générateur à induction (Figure IV.7).

Le courant et la fréquence fournis par le générateur sont mesurés par un oscilloscope numérique lié à une sonde de tension dans le coffret d'adaptation. Elle permet de mesurer le courant dans l'inducteur. La mesure de température se fait à l'aide de thermocouples reliés à une centrale d'acquisition permettant ainsi d'avoir les mesures de températures en temps réel.

Nous disposons aussi d'un ensemble de plaques anisotropes spécialement conçues pour valider les modèles éléments coques anisotropes. Celles-ci sont issues de plaques de circuits imprimés sur lesquelles nous avons réalisé des pistes de cuivre de largeur différentes (Figure IV. 8).

La conductivité électrique et les propriétés thermiques des plaques en circuit imprimé (structure périodique) sont obtenues en utilisant les méthodes d'homogénéisation [TRIC 00a].

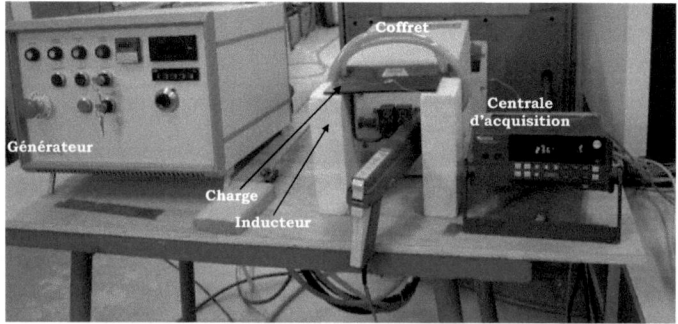

Figure IV. 7 Installation de chauffage par induction

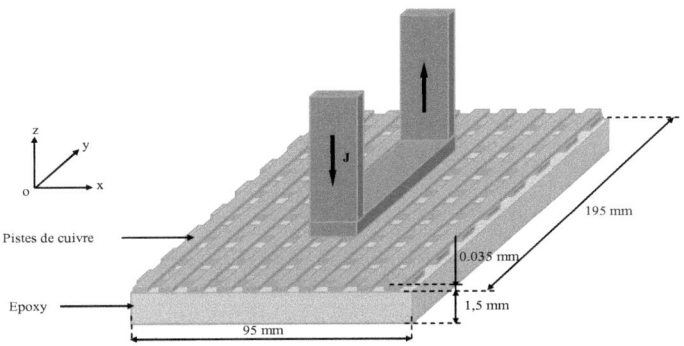

Figure IV. 8 Pistes de cuivre gravé sur circuit imprimé

IV.3.2.1 Eléments coques anisotropes monocouche

Les données caractéristiques des plaques de circuit imprimé sont données par le Tableau IV. 2. La conductivité électrique de la résine époxy est nulle.

Tableau IV. 2 Données caractéristiques des plaques en circuit imprimé

Constituants	Propriétés physiques	Monocouche 1	Monocouche 2
Grille en piste de cuivre	σ_{xx} [$\Omega^{-1}.\mu m^{-1}$]	11,6	23,2
	σ_{yy} [$\Omega^{-1}.\mu m^{-1}$]	23,2	11,6
	λ_{xx} [W/m.°C]	76	152
	λ_{yy} [W/m.°C]	152	76
	λ_{zz} [W/m.°C]	304	304
	ρC_p [$J.m^{-3}.°C^{-1}$]	2744×10³	2744×10³
Résine époxy	λ [W/m.°C]	0,3	1703×10³
	ρC_p [$J.m^{-3}.°C^{-1}$]	0,3	1703×10³

Dans tous les cas que nous allons étudier, le courant dans l'inducteur est orienté suivant l'axe oy.

Nous avons considéré deux cas de figure (Tableau IV.2) : dans le premier cas (monocouche 1), le courant dans l'inducteur circule dans le sens de conductivité élevée. Dans le second cas (monocouche 2), le courant inducteur est suivant la direction de faible conductivité.

Nous avons mesuré les températures pour un certain nombre de points sur les monocouches 1 et 2 illustré sur la figure IV.9

Les figures IV.10 et IV.11 montrent l'évolution de la température calculée et mesurée des points b et c.

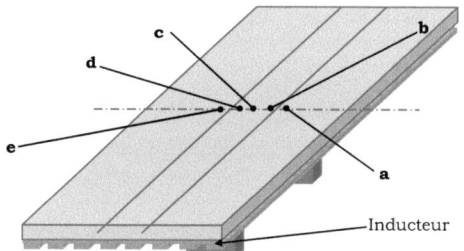

Figure IV. 9 Points de mesures

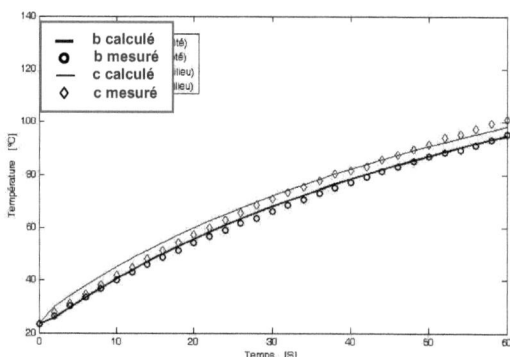

Figure IV. 10 Evolution de la température des points c et b dans le monocouche 1

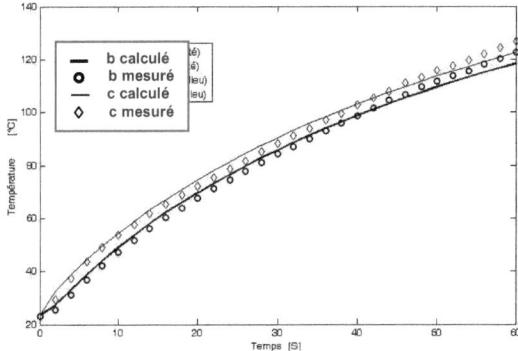

Figure IV. 11 Evolution de la température des points c et b dans le monocouche 2

La figure IV.12 montre la distribution des températures calculées et mesurées pour les cinq points au bout une minute de chauffage.

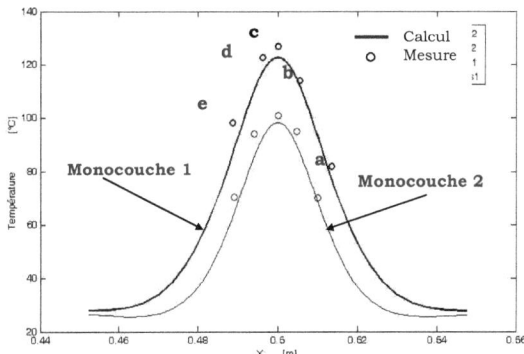

Figure IV. 12 Températures aux points a, b, c, d et e après 1 minute de chauffage

Ces résultats sont donnés pour une fréquence de 190 kHz, un entrefer de 6 mm et une mesure de courant de 120A pour le cas du monocouche 1 et 110A pour le cas du monocouche 2. Les thermocouples sont placés sur la résine.

Les figures ci-dessus montrent bien la concordance entre les mesures et les simulations. L'écart maximum entre les mesures et simulations est de 5%.

IV.3.2.2 Eléments coques anisotropes multicouches

Pour valider le modèle anisotrope multicouche, nous disposons d'une plaque en circuits imprimés ayant des pistes en cuivre sur ses deux faces. Les pistes de cuivres sur les deux faces sont conçues de façon à obtenir un composite à deux couches orientées à 0°/90° (Figure IV.13). Deux cas sont alors considérés. Le cas 1 où la face A ($\sigma_{yy}>\sigma_{xx}$) du multicouche est exposée au champ inducteur. Et le cas 2 où la face B ($\sigma_{yy}<\sigma_{xx}$) du multicouche est exposée au champ inducteur.

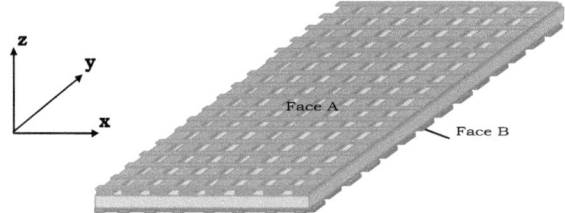

Figure IV. 13 Composite à deux couches orientées à 0°/90°

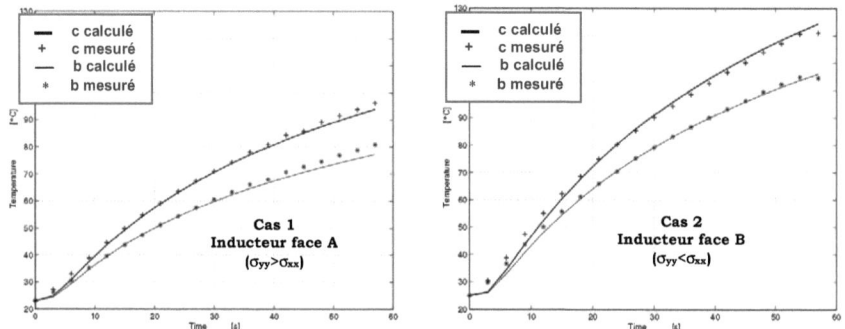

Figure IV. 14 Montée en température, plaques anisotropes multicouches

La fréquence est de 187kHz, le courant est de 118A et l'entrefer reste inchangé.

Comme pour le modèle monocouche, les résultats obtenus avec le modèle multicouche suivent bien les résultats expérimentaux (Figure IV.14).

Si la conductivité élevée est dans le sens des courants induits sous l'inducteur alors, la puissance injectée dans la plaque est moins importante. En effet, dans ce cas les courants induits rencontrent moins de résistance est produisent ainsi moins de puissance (à cette fréquence).

Cette constatation a une importance particulière dans le chauffage par induction des matériaux composites où l'orientation des fibres devient un élément prépondérant sur la distribution du champ de température.

IV.3.3 Influence de l'anisotropie sur le comportement électromagnétique et thermique des matériaux composites

Le logiciel développé et validé dans le paragraphe précédant nous permet d'étudier le comportement des matériaux anisotropes dans un système de chauffage par induction. Pour mettre en évidence ce comportement, nous utilisons un inducteur à symétrie de révolution qui, en absence de charge, crée un champ à symétrie axiale.

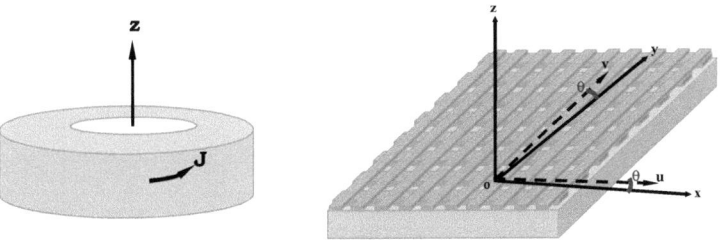

Figure IV. 15 Inducteur rond

Pour cela, prenons l'exemple d'un inducteur rond ayant un rayon interne de 3mm, un rayon externe de 9mm et une hauteur de 7mm (Figure IV. 15). Celui-ci est appliqué au cas de la monocouche 1. Le changement de l'angle d'orientation θ de la plaque anisotrope fait changer la conductivité en x et y du matériau (Figure IV. 15). Les valeurs de celles-ci sont données par l'expression (IV-33), tel que φ=π/2, σ_u=11,6 MS/m et σ_v=23,2 MS/m.

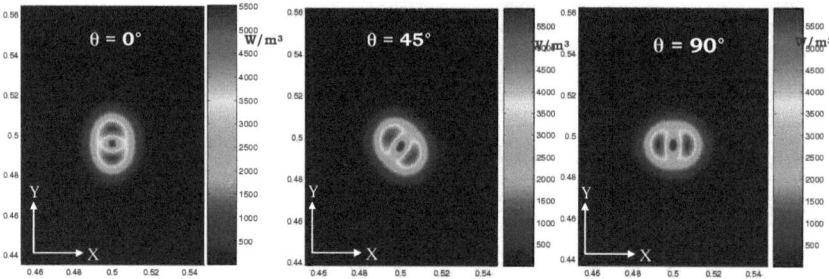

Figure IV. 16 Distribution de la puissance induite dans les trois cas est de 2.3 Watt

La figure IV.16, issue des simulations, montrent clairement l'effet de l'anisotropie sur la distribution de puissance active induite dans la plaque. Celle-ci est plus importante dans le sens où la conductivité est moins élevée. Par contre la puissance totale induite dans la plaque reste pratiquement inchangée.

IV.6 Conclusion

Dans ce chapitre, nous avons présenté un modèle tridimensionnel dédié au chauffage par induction des matériaux composites. Le modèle tient compte de l'anisotropie et de l'orientation des couches entre elles.

Nous avons validé les modèles développés sur une installation de chauffage par induction.

Ce modèle permet une analyse plus approfondie du comportement des matériaux anisotropes soumis à des champs électromagnétiques. A première vue, l'anisotropie présente un handicap pour le chauffage par induction. Mais on peut éventuellement l'utiliser de façon positive pour imposer un champ de température prédéfini.

Ce modèle peut être également utilisé pour le CND par courant de Foucault des matériaux anisotropes [DOIR xx].

Conclusion générale

Pour pouvoir se développer, l'industrie des matériaux composites a besoin d'innovations scientifiques et technologiques. Dans ce cadre, nous avons démontré que l'induction peut apporter de nouvelles solutions de développement. Nous avons également démontré le besoin d'un outil d'homogénéisation et de simulation pour modéliser et concevoir le système.

Le logiciel de simulation dédié au calcul des propriétés homogénéisées des matériaux composites a été utilisé pour obtenir un matériau équivalent. La qualité des propriétés obtenues par ces méthodes dépend de la connaissance exacte de la géométrie et des propriétés des différents composants du matériau.

La conductivité électrique du matériau est une donnée essentielle pour le chauffage par induction. Pour calculer cette conductivité, nous avons développé une méthodologie basée sur la mesure de l'impédance d'une bobine entourant le matériau. En utilisant la valeur homogénéisée comme point de départ, nous avons utilisé les techniques du problème inverse pour remonter à la conductivité électrique du matériau composite. L'algorithme a été conçu de telle sorte que la valeur de la conductivité soit évaluée dans les conditions où la sensibilité est maximale. Ce modèle a été validé sur un matériau connu.

Pour prendre en compte le problème d'anisotropie et le facteur d'échelle au niveau macroscopique, nous avons développé un modèle tridimensionnel anisotrope d'éléments coques que nous avons intégré dans le logiciel de calcul. Ce modèle a été étendu à un matériau composite multicouche. Le champ de température est influencé de façon importante par l'anisotropie. Le logiciel prend en compte cette influence qui peut être mise à profit pour améliorer le champ de température. Nous avons validé ce modèle dans le cas de chauffage par induction d'un matériau monocouche et multicouche.

Le modèle a été appliqué dans le cadre d'un projet industriel et les résultats sont encourageants.

Les perspectives de ce travail sont nombreuses :

- Les modèles développés doivent être améliorés et généralisés pour prendre en compte les différentes géométries et caractéristiques des composites,

- Il faut ensuite étendre les études théoriques et expérimentales sur l'ensemble du cycle de vie des matériaux composites,

- Il faut conjuguer nos efforts avec les laboratoires de matériaux afin d'intégrer nos modèles dans une modélisation multi physique des matériaux composites,

- Il faut enfin introduire dans l'outil de simulation des modèles de contrôle non destructif pour constituer un ensemble capable de simuler toutes les étapes d'un cycle de production.

Annexes

ANNEXE A. HOMOGENEISATION ASYMPTOTIQUE DES EQUATIONS DE CONDUCTION

Les équations de la thermique transitoire dans le domaine Ω, s'écrivent sous la forme:

$$\rho C \frac{\partial u}{\partial t} + \text{div}\Phi = f \text{ avec } \Phi = -\lambda \mathbf{grad}(u) \tag{A-1}$$

Où Φ est le flux thermique, $u(x,t)$ la température au point x et au temps t, ρ la masse volumique du matériau, C sa chaleur spécifique, f la source de chaleur éventuelle, et λ la matrice définie positive de conductivité éventuellement non isotrope.

Soit Y la cellule caractéristique de base. Le paramètre ε est un nombre petit représentant le rapport d'échelle entre Y et Ω.

Si u^ε est solution de l'équation thermique (A-1), alors:

$$\rho C \frac{\partial u^\varepsilon}{\partial t} + \text{div}\Phi^\varepsilon = f \text{ avec } \Phi^\varepsilon = -\lambda \mathbf{grad}(u^\eta) \tag{A-2}$$

où ε est un terme petit représentatif du rapport d'échelle. u^η est développé suivant les puissances croissantes de ε:

$$u^\eta = u^0 + \eta u^1 + \eta^2 u^2 + \ldots \tag{A-3}$$

Les variables x et y n'étant pas indépendantes, la dérivée d'une fonction $g(x,y)$ s'écrit alors:

$$\frac{dg}{dx_i} = \frac{\partial g}{\partial x_i} + \frac{1}{\eta}\frac{\partial g}{\partial y_i} \tag{A-4}$$

On en déduit donc le développement asymptotique du gradient de u^ε:

$$\begin{aligned}\mathbf{grad}(u^\eta) &= \mathbf{grad}(u^0 + \eta u^1 + \eta^2 u^2 + \ldots) = \mathbf{grad}(u^0) + \mathbf{grad}(\eta u^1) + \mathbf{grad}(\eta^2 u^2) + \ldots \\ &= \mathbf{grad}_x(u^0) + \frac{1}{\eta}\mathbf{grad}_y(u^0) + \eta\mathbf{grad}_x(u^1) + \mathbf{grad}_y(u^1) + \eta^2\mathbf{grad}_x(u^2) + \eta\mathbf{grad}_y(u^2) + \ldots\end{aligned} \tag{A-5}$$

d'où on obtient finalement :

$$\mathbf{grad}(u^\eta) = \frac{1}{\eta}\mathbf{grad}_y(u^0) + \mathbf{grad}_x(u^0) + \mathbf{grad}_y(u^1) + ... \\ \eta(\mathbf{grad}_x(u^1) + \mathbf{grad}_y(u^2)) + \eta^2\mathbf{grad}_x(u^2) + ...$$ (A-6)

de la même façon le flux thermique $\Phi^\varepsilon = -\lambda\mathbf{grad}(u^\varepsilon)$ peut être développé suivant les puissances de η:

$$\Phi^\eta = \frac{1}{\eta}\Phi^0 + \Phi^1 + \eta\Phi^2 + \eta^2\Phi^3 + ...$$ (A-7)

d'où par identification, on obtient:

$$\begin{cases} \Phi^0 = -\lambda\mathbf{grad}_y(u^0) \\ \Phi^1 = -\lambda(\mathbf{grad}_x(u^0) + \mathbf{grad}_y(u^1)) \\ \Phi^2 = -\lambda(\mathbf{grad}_x(u^1) + \mathbf{grad}_y(u^2)) \end{cases}$$ (A-8)

L'application de l'opérateur définit en (A-2) pour le calcul de la divergence donne:

$$\operatorname{div}(\lambda\mathbf{grad}(u^\eta)) = \frac{1}{\eta^2}\operatorname{div}_y(\lambda\mathbf{grad}_y(u^0)) + \frac{1}{\eta}\operatorname{div}_x(\lambda\mathbf{grad}_y(u^0)) \\ + \frac{1}{\eta}\operatorname{div}_y(\lambda\mathbf{grad}_x(u^0)) + \frac{1}{\eta}\operatorname{div}_y(\lambda\mathbf{grad}_y(u^1)) \\ + \operatorname{div}_x(\lambda\mathbf{grad}_x(u^0)) + \operatorname{div}_x(\lambda\mathbf{grad}_y(u^1)) \\ + \operatorname{div}_y(\lambda\mathbf{grad}_x(u^1)) + \operatorname{div}_y(\lambda\mathbf{grad}_y(u^2)) + ...$$ (A-9)

Pour la dérivée temporelle il n'y a pas de difficultés particulières:

$$\frac{\partial u^\eta}{\partial t} = \frac{\partial u^0}{\partial t} + \eta\frac{\partial u^1}{\partial t} + \eta^2\frac{\partial u^2}{\partial t} + ...$$ (A-10)

En reportant dans l'équation (A-1) et en identifiant suivant les puissances de ε, on obtient:

P1: $\text{div}_y(\lambda \mathbf{grad}_y(u^0)) = 0$

P2: $\text{div}_x(\lambda \mathbf{grad}_y(u^0)) + \text{div}_y(\lambda \mathbf{grad}_x(u^0)) + \text{div}_y(\lambda \mathbf{grad}_y(u^1)) = 0$

P3: $\rho C \dfrac{\partial u^0}{\partial t} - \text{div}_x(\lambda \mathbf{grad}_x(u^0)) - \text{div}_x(\lambda \mathbf{grad}_y(u^1)) - ...$
$\text{div}_y(\lambda \mathbf{grad}_x(u^1)) - \text{div}_y(\lambda \mathbf{grad}_y(u^2)) - f = 0$

la propriété P1 et le comportement périodique de u par rapport à y imposent u^0 indépendant de y d'où $u^0(x,y) = u^0(x)$. Dans ces conditions, le premier terme de P2 s'annule et il reste donc:

$$\text{div}_y(\lambda \mathbf{grad}_y(u^1(x,y))) = -\text{div}_y(\lambda \mathbf{grad}_x(u^0(x))) \qquad (A\text{-}11)$$

La séparation des variables de ce dernier membre donne:

$$u^1(x,y) = -\boldsymbol{\chi(y)} . \mathbf{grad}_x(u^0(x)) \qquad (A\text{-}12)$$

où χ est un vecteur ligne solution des équations suivantes :

$$\begin{cases} \text{div}_y(\lambda \mathbf{grad}_y(\chi_1(y))) = \text{div}_y(\lambda_1) \\ \text{div}_y(\lambda \mathbf{grad}_y(\chi_2(y))) = \text{div}_y(\lambda_2) \end{cases} \qquad (A\text{-}13)$$

En reportant dans l'expression de Φ^n, on obtient :

$$\begin{aligned} \boldsymbol{\Phi^0} &= \mathbf{0} \\ \boldsymbol{\Phi^1} &= -(\lambda - \lambda \mathbf{grad}_y(\chi)) \mathbf{grad}_x(u^0) \end{aligned} \qquad (A\text{-}14)$$

En prenant la moyenne de Φ^1 sur la cellule élémentaire Y on a:

$$<\Phi^1> = -\left[\dfrac{1}{\text{vol}(Y)} \int_Y (\lambda - \lambda \mathbf{grad}_y(\chi(Y)) dY \right] \mathbf{grad}_x(u^0) \qquad (A\text{-}15)$$

En posant :

$$\Sigma = <\Phi^1> \quad \text{et} \quad Q = <\lambda> - <\lambda\mathbf{grad}_y(\chi)> \tag{A-16}$$

On obtient finalement :

$$\Sigma = -Q\mathbf{grad}_x(u^0) \tag{A-17}$$

En prenant l'intégrale sur la cellule Y de l'expression P3, les deux derniers termes disparaissent à cause du caractère périodique des u^i en fonction des variables y. Il reste alors:

$$\left[\int_Y \rho C dY\right]\frac{\partial u^0}{\partial t} - \text{div}_x\left[\int_Y \left(\lambda\mathbf{grad}_x(u^0) + \lambda\mathbf{grad}_y(u^1)\right)dY\right] - \text{vol}(Y)f = 0 \tag{A-18}$$

D'où en divisant par le volume de la cellule élémentaire, on obtient l'équation d'évolution de la température pour le matériau homogénéisé:

$$<\rho C> \frac{\partial u^0(x)}{\partial t} + \text{div}_x \Sigma - f = 0 \tag{A-19}$$

ANNEXE B. HOMOGENEISATION DYNAMIQUE DES EQUATIONS DE MAXWELL

Considérons le problème suivant : Etant donné une structure périodique Ω avec la cellule Y pour période de base, trouver les champs **e** et **h**, solutions des équations de Maxwell :

$$\begin{cases} -i\omega \mathbf{d} + \mathbf{rot}(\mathbf{h}) = \mathbf{j}^s \\ i\omega \mathbf{b} + \mathbf{rot}(\mathbf{e}) = \mathbf{k}^s \end{cases} \quad (B\text{-}1)$$

avec les relations constitutives définies par :

$$\begin{cases} \mathbf{d} = \varepsilon \mathbf{e} \\ \mathbf{b} = \mu \mathbf{h} \end{cases} \quad (B\text{-}2)$$

Soient $\tilde{D}$, $\tilde{B}$, $\tilde{E}$, et $\tilde{H}$ obtenus par filtrage spatial de **d, b, e** et **h**, représentant les parties lentement variables. Par linéarité du filtrage, ces champs filtrés sont alors solutions du système suivant :

$$\begin{cases} -i\omega \tilde{D} + \mathbf{rot}(\tilde{H}) = \tilde{J}^s \\ i\omega \tilde{B} + \mathbf{rot}(\tilde{E}) = \tilde{k}^s \end{cases} \quad (B\text{-}3)$$

Les champs e et h peuvent se mettre sous la forme approximative :

$$\begin{cases} \mathbf{e} = \tilde{E} + \mathbf{E}_C + \mathbf{E}_R \\ \mathbf{h} = \tilde{H} + \mathbf{H}_C + \mathbf{H}_R \end{cases} \quad (B\text{-}4)$$

où $\mathbf{E}_C$ et $\mathbf{H}_C$ sont Y-périodiques de moyennes nulles, et $\mathbf{E}_R$, $\mathbf{H}_R$ sont des résidus qui seront négligés par la suite.

De nouveau, considérons la situation sur une cellule élémentaire C telle que $j_S = k_S = 0$, et supposons C centrée en 0. De leur côté, et au niveau de la cellule de base, les champs à grande échelle $\tilde{D}$, $\tilde{B}$, $\tilde{E}$, et $\tilde{H}$ peuvent s'écrire sous la forme :

$$\begin{cases} \tilde{\mathbf{E}}(\mathbf{x}) = \mathbf{E} + A_E \mathbf{x} + O(\mathbf{x}^2) \\ \tilde{\mathbf{H}}(\mathbf{x}) = \mathbf{H} + A_H \mathbf{x} + O(\mathbf{x}^2) \\ \tilde{\mathbf{D}}(\mathbf{x}) = \mathbf{D} + A_D \mathbf{x} + O(\mathbf{x}^2) \\ \tilde{\mathbf{B}}(\mathbf{x}) = \mathbf{B} + A_B \mathbf{x} + O(\mathbf{x}^2) \end{cases} \quad (B-5)$$

où A_E, A_H, A_D, et A_B sont des opérateurs linéaires constants, et les termes $O(\mathbf{x}^2)$ sont des termes d'ordre supérieur en $\mathbf{x}$, qui seront négligés dans la suite. On a donc :

$$\begin{cases} \mathbf{e} = \mathbf{E}_C + \mathbf{E} + A_E \mathbf{x} \\ \mathbf{h} = \mathbf{H}_C + \mathbf{H} + A_H \mathbf{x} \end{cases} \quad (B-6)$$

Maintenant, il reste à expliciter les opérateurs A_E, A_H, A_D, et A_B. Reportons les expressions $\mathbf{e}$ et $\mathbf{h}$ données par le système B-6) dans le système B-4), on obtient :

$$\begin{cases} -i\omega \mathbf{D} - i\omega A_D \mathbf{x} + \text{rot}(A_H \mathbf{x}) = 0 \\ i\omega \mathbf{B} + i\omega A_B \mathbf{x} + \text{rot}(A_E \mathbf{x}) = 0 \end{cases} \quad (B-7)$$

En égalisant les termes du même ordre par rapport à $\mathbf{x}$, on trouve :

$$\begin{cases} A_D \mathbf{x} = A_B \mathbf{x} = 0 \\ \text{rot}(A_H \mathbf{x}) = -i\omega \mathbf{D} \\ \text{rot}(A_E \mathbf{x}) = i\omega \mathbf{B} \end{cases} \quad (B-8)$$

Les matrices A_D et A_B du système B-8) sont identiquement nulles, et les matrices A_H et A_E sont données par :

$$A_H = -\frac{1}{2}i\omega \begin{bmatrix} 0 & -D_z & D_y \\ D_z & 0 & -D_x \\ -D_y & D_x & 0 \end{bmatrix}, \quad A_E = \frac{1}{2}i\omega \begin{bmatrix} 0 & -B_z & B_y \\ B_z & 0 & -B_x \\ -B_y & B_x & 0 \end{bmatrix} \quad (B-9)$$

où l'on a posé $\mathbf{D}=(D_x, D_y, D_z)$ et $\mathbf{B}=(B_x, B_y, B_z)$.

$$\begin{cases} A_D = A_B \equiv 0 \\ A_H \mathbf{x} = -\frac{1}{2}i\omega \mathbf{D} \wedge \mathbf{x} \\ A_E \mathbf{x} = \frac{1}{2}i\omega \mathbf{B} \wedge \mathbf{x} \end{cases} \quad (B-10)$$

Ainsi, les champs à grande échelle auront pour expressions au niveau de la cellule de base :

$$\begin{cases} \tilde{\mathbf{D}} = \mathbf{D} \\ \tilde{\mathbf{B}} = \mathbf{B} \\ \tilde{\mathbf{E}} = \mathbf{E} + \frac{1}{2} i\omega \mathbf{B} \wedge \mathbf{x} \\ \tilde{\mathbf{H}} = \mathbf{H} - \frac{1}{2} i\omega \mathbf{D} \wedge \mathbf{x} \end{cases} \qquad \text{(B-11)}$$

ANNEXE C : FORMULATION ELEMENTS COQUES GENERALISEE POUR UNE PLAQUE ISOTROPE [GUER 95]

Considérons une plaque conductrice isotrope d'épaisseur **e** et de dimensions infinies suivant Ox et Oy. Ses deux faces sont respectivement soumises à deux champs uniformes sinusoïdaux tangentiels, H_1 et H_2 (Figure C.1).

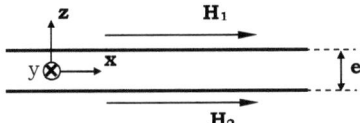

Figure C. 1 Représentation du problème

La formulation éléments coques généralisés proposée par Guérin [GUER 95], se compose d'une solution numérique obtenue dans tout le domaine et d'une solution analytique qui tient compte de la variation des grandeurs suivant l'épaisseur. Cette dernière est exprimée en fonction de la solution sur les surfaces de la région mince.

1. Solution analytique

La formulation en **H** dans la plaque s'écrit :

$$\mathbf{rot}((\mathbf{rot H})) = -i\omega\sigma\mu\mathbf{H} \qquad (C\text{-}1)$$

Où ω est la pulsation du champ magnétique et σ la conductivité électrique de la plaque.

La composante du champ électromagnétique est nulle suivant l'épaisseur de la plaque (Oz). D'où l'équation à résoudre :

$$\frac{\partial^2 \mathbf{H_s}(z)}{\partial z^2} - j\omega\mu\sigma \mathbf{H_s}(z) = 0 \qquad (C\text{-} 2)$$

La solution de cette équation est donnée par :

$$\mathbf{H_s}(z) = \frac{1}{\sinh(e\gamma)}\left[\mathbf{H_{1s}} \cdot \sinh\left(\frac{e}{2}\gamma + \gamma z\right) + \mathbf{H_{2s}} \cdot \sinh\left(\frac{e}{2}\gamma - \gamma z\right)\right] \qquad (C\text{-} 3)$$

Avec : Hs1 et Hs2 sont les valeurs des champs sur les surfaces extérieures de la plaque, $\gamma = \dfrac{1+j}{\delta}$ et $\delta = \sqrt{\dfrac{2}{\omega\mu\sigma}}$

2. Solution numérique

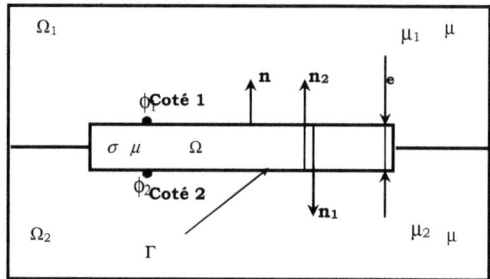

Figure II. 11 Notation du problème éléments coques

Les champs magnétiques sur les surfaces limitrophes de la région mince sont donnés par les relations suivantes :

$$\begin{cases} \mathbf{H_1} = \mathbf{H_j} - \mathbf{grad}\,\Phi_1 \\ \mathbf{H_2} = \mathbf{H_j} - \mathbf{grad}\,\Phi_2 \end{cases} \qquad (C\text{-} 4)$$

La solution numérique est obtenue, en partant de la forme intégrale de la formulation en potentiel scalaire magnétique réduit (II-39) couplée au besoin (présence de régions de perméabilité différentes) avec la formulation en potentiel scalaire totale (II-30).

La forme intégrale de la formulation en potentiel scalaire magnétique réduit, est obtenue après application de la méthode de Galerkine tel que :

$$\int_{\Omega_x} w\, \mathbf{B} \cdot d\Omega_x = 0 \qquad (C\text{-}5)$$

Avec Ω_x est le domaine exprimé en potentiel scalaire magnétique réduit, et w est une fonction de pondération.

La forme intégrale de la formulation en potentiel scalaire réduit dans la région Ω_1 s'écrit :

$$\int_{\Omega_1} \mu_1 \cdot \mathbf{grad}\, w \cdot \mathbf{grad}\, \Phi_1 \cdot d\Omega_1 + \underbrace{\int_\Gamma w \cdot \mathbf{B} \cdot \mathbf{n_1}\, d\Gamma}_{A} = \underbrace{\int_{\Omega_1} \mu_1 \cdot \mathbf{grad}\, w \cdot \mathbf{H_j} \cdot d\Omega_1}_{B} \quad (C\text{-}6)$$

Pour obtenir la formulation intégrale en potentiel scalaire total il suffit d'annuler le terme B ($\mathbf{H_j}=0$).

Le terme **A** permet de coupler la formulation en Φ_r et un autre type de formulation (exemple, potentiel scalaire total) de la région voisine et permet aussi de prendre en compte la région mince conductrice. Le champ source $\mathbf{H_j}$ du terme **B** peut être calculé soit dans tout le volume ou juste sur la surface frontière de l'élément coque. En appliquant le théorème de Green sur **B**, l'équation (C-6) devient :

$$\int_{\Omega_1} \mu_1 \cdot \mathbf{grad}\, w \cdot \mathbf{grad}\, \Phi_1 \cdot d\Omega_1 + \int_\Gamma w \cdot \mathbf{B} \cdot \mathbf{n_1}\, d\Gamma = \int_\Gamma w \cdot \mu_1\, \mathbf{H_j} \cdot \mathbf{n_1}\, d\Gamma \qquad (C\text{-}7)$$

Sachant que la relation Maxwell-Faraday (II-2) permet d'écrire :

$$\mathbf{B} = -\frac{1}{j\omega}\, \mathbf{rot}\, \mathbf{E} \qquad (C\text{-}8)$$

Le terme **A** peut alors s'écrire après application de la transformation [rot (a·U)=a·rot U + (grad a)×U], et du théorème de Stokes :

$$\int_\Gamma w \cdot \mathbf{B} \cdot \mathbf{n}_1 \, d\Gamma = -\frac{1}{j\omega} \int_\Gamma (\mathbf{E}_1 \times \mathbf{n}_1) \cdot \mathbf{grad} \, w \, d\Gamma \qquad \text{(C- 9)}$$

En remplaçant (C-9) dans (C-7), la formulation intégrale en potentiel scalaire réduit dans la région Ω_1 peut alors s'écrire :

$$\int_{\Omega_1} \mu_1 \cdot \mathbf{grad} \, w \cdot \mathbf{grad} \, \Phi_1 d\Omega_1 - \frac{1}{j\omega} \int_\Gamma (\mathbf{E}_1 \times \mathbf{n}_1) \cdot \mathbf{grad} \, w \, d\Gamma = \int_\Gamma w \cdot \mu_1 \, \mathbf{H}_j \cdot \mathbf{n}_1 d\Gamma \qquad \text{(C- 10)}$$

La densité de courant est donnée par :

$$\mathbf{rot} \, \mathbf{H}(z) = \mathbf{J}(z) = -\mathbf{n}_1 \times \frac{\partial \mathbf{H}(z)}{\partial z} \qquad \text{(II- 71)}$$

Après dérivation du champ magnétique de l'équation (C-3) par rapport à z et application de la forme locale de la loi d'Ohm (II-15), nous obtenons l'expression du champ électrique dans la région mince :

$$\mathbf{E}(z) = \frac{-\gamma}{\sigma \cdot \sinh(e\gamma)} \mathbf{n}_1 \times \left[\mathbf{H}_1 \cdot \cosh\left(\frac{e}{2}\gamma + \gamma z\right) - \mathbf{H}_2 \cdot \cosh\left(\frac{e}{2}\gamma - \gamma z\right) \right] \qquad \text{(II- 72)}$$

Pour obtenir la relation entre les champs électriques et magnétiques tangentiels (relation d'impédance de surface), il suffit de remplacer z par sa valeur sur les surfaces limitrophes de la région mince (e/2 et –e/2). Sur le coté 1 de la région mince (Ω), la relation impédance de surface s'écrit donc ;

$$\mathbf{E}_1 = \frac{-\gamma}{\sigma} \mathbf{n}_1 \times \left[\mathbf{H}_1 \cdot \frac{1}{\tanh(e\gamma)} - \mathbf{H}_2 \cdot \frac{1}{\sinh(e\gamma)} \right] \qquad \text{(C- 11)}$$

En remplaçant $\mathbf{H}_1$ et $\mathbf{H}_2$ par leurs expressions données par l'équation (C-4) dans (C-11), nous obtenons la formulation élément coque généralisée sur le coté 1 de la région mince :

$$\int_{\Omega_{1}} \mu_1 \cdot \mathbf{grad}\, w \cdot \mathbf{grad}\, \Phi_1 \cdot d\Omega_1 + \frac{1}{j\omega} \int_{\Gamma} \mathbf{grad}_s w \cdot \alpha \cdot \mathbf{grad}_s \Phi_1 \, d\Gamma -$$

$$\frac{1}{j\omega} \int_{\Gamma} \mathbf{grad}_s w \cdot \beta \cdot \mathbf{grad}_s \Phi_2 \, d\Gamma = \int_{\Gamma} \mu_1 \cdot w \cdot \mathbf{H}_j \cdot \mathbf{n}_1 \cdot d\Gamma + \quad \text{(C-12)}$$

$$\frac{1}{j\omega} \int_{\Gamma} \mathbf{grad}_s w \cdot (\alpha - \beta) \cdot \mathbf{H}_j \cdot d\Gamma$$

Avec $\quad \alpha = \dfrac{\mu}{\gamma \cdot \tanh(\gamma e)} \quad$ et $\quad \beta = \dfrac{\mu}{\gamma \cdot \sinh(\gamma e)}$

La formulation élément coque généralisée du côté 2 (région Ω_2) est donnée par la relation (C-12) après permutation entre les indices 1 et 2. En annulant les termes due au champ source H_j dans l'équation (C-12) et sa duale, nous obtenons la formulation en potentiel scalaire magnétique total dans le domaine d'étude.

ANNEXE D. PROBLEME D'UNE PLAQUE CONDUCTRICE ANISOTROPE SOUMISE A DES CHAMPS ELECTROMAGNETIQUES TANGENTIELS

Considérons une plaque conductrice anisotrope d'épaisseur **e** et de dimensions infinies suivant Ox et Oy. Ses deux faces sont respectivement soumises à deux champs uniformes sinusoïdaux tangentiels de composantes (H_{1x}, H_{2x}) suivant Ox et (H_{1y}, H_{2y}) suivant Oy, (Figure D.1).

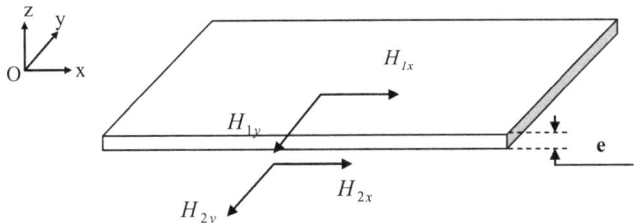

Figure D. 1 Représentation du problème

3. Formulation du problème

La formulation en H dans la plaque s'écrit :

$$\mathbf{rot}\left([\sigma]^{-1}(\mathbf{rotH})\right) = -i\omega\mu\mathbf{H} \tag{D-1}$$

Où ω la pulsation du champ magnétique et $[\sigma]^{-1}$ l'inverse du tenseur de conductivité électrique qui s'écrit :

$$[\sigma]^{-1} = \frac{1}{\det}\begin{pmatrix} \sigma_{yy} & -\sigma_{xy} \\ -\sigma_{yx} & \sigma_{xx} \end{pmatrix} \tag{D-2}$$

Avec, $\det = \sigma_{yy}\sigma_{xx} - \sigma_{xy}\sigma_{yx}$

La composante du champ électromagnétique est nulle suivant l'épaisseur de la plaque (Oz). Le rotationnel du champ magnétique peut s'écrire alors :

$$\mathbf{rot\,H} = \begin{pmatrix} -\dfrac{dH_y}{dz} \\ +\dfrac{dH_x}{dz} \end{pmatrix} \qquad (D\text{ -}3)$$

En remplaçant (D -3) et (D -2) dans (D -1), on obtient :

$$\mathbf{rot}\left([\sigma]^{-1}\mathbf{rot\,H}\right) = \frac{1}{\det} \cdot \begin{pmatrix} -\sigma_{yx}\dfrac{d^2H_y}{dz^2} - \sigma_{xx}\dfrac{d^2H_x}{dz^2} \\ -\sigma_{yy}\dfrac{d^2H_y}{dz^2} - \sigma_{xy}\dfrac{d^2H_x}{dz^2} \end{pmatrix} = -j\omega\mu \begin{pmatrix} H_x \\ H_y \end{pmatrix} \qquad (D\text{ -}4)$$

D'où :

$$\frac{1}{\det}\begin{pmatrix} \sigma_{xx} & \sigma_{yx} \\ \sigma_{xy} & \sigma_{yy} \end{pmatrix} \cdot \begin{pmatrix} \dfrac{d^2H_x}{dz^2} \\ \dfrac{d^2H_y}{dz^2} \end{pmatrix} = j\omega\mu \begin{pmatrix} H_x \\ H_y \end{pmatrix} \qquad (D\text{ -}5)$$

Et donc:

$$\begin{pmatrix} \dfrac{d^2H_x}{dz^2} \\ \dfrac{d^2H_y}{dz^2} \end{pmatrix} = j\omega\mu \cdot \begin{pmatrix} \sigma_{yy} & -\sigma_{yx} \\ -\sigma_{xy} & \sigma_{xy} \end{pmatrix} \cdot \begin{pmatrix} H_x \\ H_y \end{pmatrix} \qquad (D\text{ -}6)$$

Ceci peut aussi s'écrire sous la forme du système d'équations différentielles suivant :

$$\begin{cases} \dfrac{d^2H_x}{dz^2} - j\omega\mu\sigma_{yy}H_x = -j\omega\mu\sigma_{yx}H_y \\ \dfrac{d^2H_y}{dz^2} - j\omega\mu\sigma_{xx}H_y = -j\omega\mu\sigma_{xy}H_x \end{cases} \qquad (D\text{ -}7)$$

4. Solution du problème

De la première équation du système d'équations (D -7) on obtient:

$$H_y(z) = \frac{-1}{j\omega\mu\sigma_{xy}} \left(\frac{\partial^2 H_x(z)}{\partial z^2} - j\omega\mu\sigma_{yy} H_x(z) \right) \tag{D -8}$$

En remplaçant (D -8) dans la deuxième équation de (D -7) on obtient :

$$\frac{\partial^4 H_x(z)}{\partial z^4} - j\omega\mu(\sigma_{xx} + \sigma_{yy})\frac{\partial^2 H_x(z)}{\partial z^2} - (\omega\mu)^2 \left(\sigma_{xx}\sigma_{yy} - \sigma_{xy}^2\right) H_x(z) = 0 \tag{D -9}$$

(D-9) est une équation différentielle de quatrième ordre linéaire et homogène. Sa solution générale est de la forme suivante :

$$H_x(z) = C_1 e^{r_1 z} + C_2 e^{r_2 z} + C_3 e^{r_3 z} + C_4 e^{r_4 z} \tag{D -10}$$

Avec,

C_1, C_2, C_3 et C_4 : Coefficients déterminés à partir des conditions aux limites sur le champ électromagnétique.

Et, r_1, r_2, r_3 et r_4: sont les racines de l'équation caractéristique de (D -9), tel que:

$$r^4 - j\omega\mu(\sigma_{xx} + \sigma_{yy}) \cdot r^2 - (\omega\mu)^2 \left(\sigma_{xx}\sigma_{yy} - \sigma_{xy}^2\right) = 0 \tag{D -11}$$

On posant $q = r^2$ dans (D -11), on obtient une équation second ordre avec q comme inconnue qui a pour solution :

$$\begin{cases} q_1 = \dfrac{j\omega\mu}{2}\left[(\sigma_{xx} + \sigma_{yy}) + \sqrt{(\sigma_{xx} - \sigma_{yy})^2 + 4 \cdot (\sigma_{xy})^2}\right] \\ q_2 = \dfrac{j\omega\mu}{2}\left[(\sigma_{xx} + \sigma_{yy}) - \sqrt{(\sigma_{xx} - \sigma_{yy})^2 + 4 \cdot (\sigma_{xy})^2}\right] \end{cases} \tag{D -12}$$

Donc les racines de l'équation caractéristiques (D -11) sont :

$$\begin{cases} r_1 = +\sqrt{q_1} = +\sqrt{\dfrac{j\omega\mu}{2}\left[(\sigma_{xx}+\sigma_{yy})+\sqrt{(\sigma_{xx}-\sigma_{yy})^2+4\cdot(\sigma_{xy})^2}\right]} \\ r_2 = -\sqrt{q_1} = -\sqrt{\dfrac{j\omega\mu}{2}\left[(\sigma_{xx}+\sigma_{yy})+\sqrt{(\sigma_{xx}-\sigma_{yy})^2+4\cdot(\sigma_{xy})^2}\right]} \\ r_3 = +\sqrt{q_2} = +\sqrt{\dfrac{j\omega\mu}{2}\left[(\sigma_{xx}+\sigma_{yy})-\sqrt{(\sigma_{xx}-\sigma_{yy})^2+4\cdot(\sigma_{xy})^2}\right]} \\ r_4 = -\sqrt{q_2} = -\sqrt{\dfrac{j\omega\mu}{2}\left[(\sigma_{xx}+\sigma_{yy})-\sqrt{(\sigma_{xx}-\sigma_{yy})^2+4\cdot(\sigma_{xy})^2}\right]} \end{cases} \qquad (D\text{-}13)$$

On pose,

$$\begin{cases} P_1 = \sqrt{q_1} \\ P_2 = \sqrt{q_2} \end{cases} \qquad (D\text{-}14)$$

En remplaçant les équations (D -13) combinées avec (D -14) dans (D -10), on obtient :

$$H_x(z) = C_1 e^{P_1 z} + C_2 e^{-P_1 z} + C_3 e^{P_2 z} + C_4 e^{-P_2 z} \qquad (D\text{-}15)$$

(D -15) dans (D -8) on aura :

$$H_y(z) = K_1 C_1 e^{P_1 z} + K_1 C_2 e^{-P_1 z} + K_2 C_3 e^{P_2 z} + K_2 C_4 e^{-P_2 z} \qquad (D\text{-}16)$$

Avec :

$$K_1 = \dfrac{\sigma_{yy}}{\sigma_{xy}} - \dfrac{P_1^{\,2}}{j\omega\mu\sigma_{xy}} \qquad (D\text{-}17)$$

$$K_2 = \dfrac{\sigma_{yy}}{\sigma_{xy}} - \dfrac{P_2^{\,2}}{j\omega\mu\sigma_{xy}} \qquad (D\text{-}18)$$

Les conditions aux limites sont les suivantes :

$$\begin{cases} H_x\left(\dfrac{e}{2}\right) = H_{x1} \\ H_x\left(-\dfrac{e}{2}\right) = H_{x2} \\ H_y\left(\dfrac{e}{2}\right) = H_{y1} \\ H_y\left(-\dfrac{e}{2}\right) = H_{y1} \end{cases} \qquad (D\text{-}19)$$

On remplaçant les équations (D -19) dans les équations (D -15) et (D -16) on obtient :

$$\begin{cases} H_{x1} = C_1 e^{P_1 \frac{e}{2}} + C_2 e^{-P_1 \frac{e}{2}} + C_3 e^{P_2 \frac{e}{2}} + C_4 e^{-P_2 \frac{e}{2}} \\ H_{x2} = C_1 e^{-P_1 \frac{e}{2}} + C_2 e^{P_1 \frac{e}{2}} + C_3 e^{-P_2 \frac{e}{2}} + C_4 e^{P_2 \frac{e}{2}} \\ H_{y1} = K_1 C_1 e^{P_1 \frac{e}{2}} + K_1 C_2 e^{-P_1 \frac{e}{2}} + K_2 C_3 e^{P_2 \frac{e}{2}} + K_2 C_4 e^{-P_2 \frac{e}{2}} \\ H_{y2} = K_1 C_1 e^{-P_1 \frac{e}{2}} + K_1 C_2 e^{P_1 \frac{e}{2}} + K_2 C_3 e^{-P_2 \frac{e}{2}} + K_2 C_4 e^{P_2 \frac{e}{2}} \end{cases} \qquad (D\text{-}20)$$

Le système (D-20) est un système linéaire de quatre équations avec quatre inconnues qui a pour solutions :

$$\begin{cases} C_1 = \dfrac{-1}{2 \cdot (K_2 - K_1) \cdot \sinh(eP_1)} \left[(H_{1y} - K_2 H_{1x}) e^{\frac{e}{2} P_1} - (H_{2y} - K_2 H_{2x}) e^{-\frac{e}{2} P_1} \right] \\ C_2 = \dfrac{-1}{2 \cdot (K_2 - K_1) \cdot \sinh(eP_1)} \left[(H_{2y} - K_2 H_{2x}) e^{\frac{e}{2} P_1} - (H_{1y} - K_2 H_{1x}) e^{-\frac{e}{2} P_1} \right] \\ C_3 = \dfrac{1}{2 \cdot (K_2 - K_1) \cdot \sinh(eP_2)} \left[(H_{1y} - K_1 H_{1x}) e^{\frac{e}{2} P_2} - (H_{2y} - K_1 H_{2x}) e^{-\frac{e}{2} P_2} \right] \\ C_4 = \dfrac{1}{2 \cdot (K_2 - K_1) \cdot \sinh(eP_2)} \left[(H_{2y} - K_1 H_{2x}) e^{\frac{e}{2} P_2} - (H_{1y} - K_1 H_{1x}) e^{-\frac{e}{2} P_2} \right] \end{cases} \qquad (D\text{-}21)$$

En remplaçant C_1, C_2, C_3 et C_4 par leurs expressions dans (D-15) et (D-16) on obtient la solution finale du problème:

$$\begin{cases} H_X(z) = \dfrac{1}{(K_2 - K_1)\cdot \sinh(eP_1)}\left[(K_2 H_{1x} - H_{1y})\cdot \sinh\left(\dfrac{e}{2}P_1 + P_1 z\right) + (K_2 H_{2x} - H_{2y})\cdot \sinh\left(\dfrac{e}{2}P_1 - P_1 z\right)\right] \\ \quad + \dfrac{1}{(K_2 - K_1)\cdot \sinh(eP_2)}\left[(H_{1y} - K_1 H_{1x})\cdot \sinh\left(\dfrac{e}{2}P_2 + P_2 z\right) + (H_{2y} - K_1 H_{2x})\cdot \sinh\left(\dfrac{e}{2}P_2 - P_2 z\right)\right] \\ H_y(z) = \dfrac{K_1}{(K_2 - K_1)\cdot \sinh(eP_1)}\left[(K_2 H_{1x} - H_{1y})\cdot \sinh\left(\dfrac{e}{2}P_1 + P_1 z\right) + (K_2 H_{2x} - H_{2y})\cdot \sinh\left(\dfrac{e}{2}P_1 - P_1 z\right)\right] \\ \quad + \dfrac{K_2}{(K_2 - K_1)\cdot \sinh(eP_2)}\left[(H_{1y} - K_1 H_{1x})\cdot \sinh\left(\dfrac{e}{2}P_2 + P_2 z\right) + (H_{2y} - K_1 H_{2x})\cdot \sinh\left(\dfrac{e}{2}P_2 - P_2 z\right)\right] \end{cases} \quad \text{(D-22)}$$

Les coefficients K_1, K_2, P_1, P_2 sont donnés respectivement par (D-13), (D-14), (D-17) et (D-18).

Dans le cas particulier où $\sigma_{xy} = \sigma_{yx} = 0$ le système d'équations (D-7) s'écrit sous forme de deux équations différentielles indépendantes :

$$\dfrac{\partial^2 H_x(z)}{\partial z^2} - j\omega\mu\sigma_{yy} H_x(z) = 0 \quad \text{(D-23)}$$

$$\dfrac{\partial^2 H_y(z)}{\partial z^2} - j\omega\mu\sigma_{xx} H_y(z) = 0 \quad \text{(D-24)}$$

Leurs solutions sont :

$$\begin{cases} H_x(z) = \dfrac{1}{\sinh(e\gamma_y)}\left[H_{1x}\cdot \sinh\left(\dfrac{e}{2}\gamma_y + \gamma_y z\right) + H_{2x}\cdot \sinh\left(\dfrac{e}{2}\gamma_y - \gamma_y z\right)\right] \\ H_y(z) = \dfrac{1}{\sinh(e\gamma_x)}\left[H_{1y}\cdot \sinh\left(\dfrac{e}{2}\gamma_x + \gamma_x z\right) + H_{2y}\cdot \sinh\left(\dfrac{e}{2}\gamma_x - \gamma_x z\right)\right] \end{cases} \quad \text{(D-25)}$$

Avec :

$$\begin{cases} \gamma_x^2 = j\omega\mu\sigma_{xx} \\ \gamma_y^2 = j\omega\mu\sigma_{yy} \end{cases} \quad \text{(D-26)}$$

$$\begin{cases} \gamma_x = \dfrac{1+j}{\delta_x} \quad \text{et} \quad \delta_x = \sqrt{\dfrac{2}{\omega\mu\sigma_{xx}}} \\ \gamma_y = \dfrac{1+j}{\delta_y} \quad \text{et} \quad \delta_y = \sqrt{\dfrac{2}{\omega\mu\sigma_{yy}}} \end{cases} \quad \text{(D-27)}$$

Annexes

Densité de courant

L'équation de Maxwell-Ampère permet d'écrire :

$$\mathbf{rot}\,\mathbf{H}(z) = \mathbf{J}(z) = -\mathbf{n}_1 \times \frac{\partial \mathbf{H}(z)}{\partial z} \tag{D-28}$$

Les composantes en x et y de la densité de courant sont variables suivant l'épaisseur de la plaque, tel que :

$$\begin{cases} J_x = -\dfrac{dH_y}{dz} \\ J_y = \dfrac{dH_x}{dz} \end{cases} \tag{D-29}$$

Les équations (D-28) et (D-29) permettent d'écrire :

$$\begin{pmatrix} E_x \\ E_y \end{pmatrix} = \begin{pmatrix} \dfrac{\sigma_{yy}}{\det} & \dfrac{-\sigma_{xy}}{\det} \\ \dfrac{-\sigma_{yx}}{\det} & \dfrac{\sigma_{xx}}{\det} \end{pmatrix} \cdot \left(\mathbf{n}_1 \times \begin{pmatrix} -\dfrac{dH_x}{dz} \\ -\dfrac{dH_y}{dz} \end{pmatrix} \right) = \mathbf{n}_1 \times \left(\begin{pmatrix} \dfrac{\sigma_{xx}}{\det} & \dfrac{\sigma_{yx}}{\det} \\ \dfrac{\sigma_{xy}}{\det} & \dfrac{\sigma_{yy}}{\det} \end{pmatrix} \cdot \begin{pmatrix} -\dfrac{dH_x}{dz} \\ -\dfrac{dH_y}{dz} \end{pmatrix} \right) \tag{D-30}$$

La dérivée par rapport à z de (D-22) et en remplaçant les expressions obtenues dans (D-30), on obtient :

$$\begin{pmatrix} E_x \\ E_y \end{pmatrix} = n_1 \times \begin{pmatrix} \dfrac{P_1(\sigma_{yx}K_1 + \sigma_{xx})}{\det \cdot (K_2 - K_1) \cdot \sinh(eP_1)} \left[(K_2 H_{2x} - H_{2y}) \cdot \cosh\left(\dfrac{e}{2}P_1 - P_1 z\right) - (K_2 H_{1x} - H_{1y}) \cdot \cosh\left(\dfrac{e}{2}P_1 + P_1 z\right) \right] \\ + \dfrac{P_2(\sigma_{yx}K_2 + \sigma_{xx})}{\det \cdot (K_2 - K_1) \cdot \sinh(eP_2)} \left[(H_{2y} - K_1 H_{2x}) \cdot \cosh\left(\dfrac{e}{2}P_2 - P_2 z\right) - (H_{1y} - K_1 H_{1x}) \cdot \cosh\left(\dfrac{e}{2}P_2 + P_2 z\right) \right] \\ \\ \dfrac{P_1(\sigma_{yy}K_1 + \sigma_{xy})}{\det \cdot (K_2 - K_1) \cdot \sinh(eP_1)} \left[(K_2 H_{2x} - H_{2y}) \cdot \cosh\left(\dfrac{e}{2}P_1 - P_1 z\right) - (K_2 H_{1x} - H_{1y}) \cdot \cosh\left(\dfrac{e}{2}P_1 + P_1 z\right) \right] \ldots \\ + \dfrac{P_2(\sigma_{yy}K_2 + \sigma_{xy})}{\det \cdot (K_2 - K_1) \cdot \sinh(eP_2)} \left[(H_{2y} - K_1 H_{2x}) \cdot \cosh\left(\dfrac{e}{2}P_2 - P_2 z\right) - (H_{1y} - K_1 H_{1x}) \cdot \cosh\left(\dfrac{e}{2}P_2 + P_2 z\right) \right] \end{pmatrix} \tag{D-31}$$

Comme pour le champ magnétique **H**, les composantes du champ électrique **E** aux surfaces limitrophes de la plaque de composite sont données par :

$$\begin{cases} E_{1x} = E_x\left(\dfrac{e}{2}\right) \\ E_{1y} = E_y\left(\dfrac{e}{2}\right) \end{cases} \quad \text{et} \quad \begin{cases} E_{2x} = E_x\left(-\dfrac{e}{2}\right) \\ E_{2y} = E_y\left(-\dfrac{e}{2}\right) \end{cases} \quad \text{(D-32)}$$

En remplaçant (D-32) dans (D-31) nous obtenons la relation « impédance de surface anisotrope monocouche » qui lie les composantes tangentielles des champs électriques et magnétiques :

$$\begin{pmatrix} E_{1x} \\ E_{1y} \end{pmatrix} = \mathbf{n_1} \times \begin{pmatrix} -\alpha_{xx} & -\alpha_{xy} & \beta_{xx} & \beta_{xy} \\ -\alpha_{yx} & -\alpha_{yy} & \beta_{yx} & \beta_{yy} \end{pmatrix} \cdot \begin{pmatrix} H_{1x} \\ H_{1y} \\ H_{2x} \\ H_{2y} \end{pmatrix} \quad \text{(D-33)}$$

$$\begin{pmatrix} E_{2x} \\ E_{2y} \end{pmatrix} = \mathbf{n_1} \times \begin{pmatrix} -\beta_{xx} & -\beta_{xy} & \alpha_{xx} & \alpha_{xy} \\ -\beta_{yx} & -\beta_{yy} & \alpha_{yx} & \alpha_{yy} \end{pmatrix} \cdot \begin{pmatrix} H_{1x} \\ H_{1y} \\ H_{2x} \\ H_{2y} \end{pmatrix} \quad \text{(D-34)}$$

Avec :

$$\begin{cases} \alpha_{xx} = \dfrac{1}{(K_2 - K_1)\cdot \det}\left[\dfrac{K_2 P_1}{\tanh(eP_1)}(\sigma_{yx}K_1 + \sigma_{xx}) - \dfrac{K_1 P_2}{\tanh(eP_2)}(\sigma_{yx}K_2 + \sigma_{xx})\right] \\ \alpha_{xy} = \dfrac{1}{(K_2 - K_1)\cdot \det}\left[\dfrac{P_2}{\tanh(eP_2)}(\sigma_{yx}K_2 + \sigma_{xx}) - \dfrac{P_1}{\tanh(eP_1)}(\sigma_{yx}K_1 + \sigma_{xx})\right] \\ \alpha_{yx} = \dfrac{1}{(K_2 - K_1)\cdot \det}\left[\dfrac{K_2 P_1}{\tanh(eP_1)}(\sigma_{yy}K_1 + \sigma_{xy}) - \dfrac{K_1 P_2}{\tanh(eP_2)}(\sigma_{yy}K_2 + \sigma_{xy})\right] \\ \alpha_{yy} = \dfrac{1}{(K_2 - K_1)\cdot \det}\left[\dfrac{P_2}{\tanh(eP_2)}(\sigma_{yy}K_2 + \sigma_{xy}) - \dfrac{P_1}{\tanh(eP_1)}(\sigma_{yy}K_1 + \sigma_{xy})\right] \end{cases} \quad \text{(D-35)}$$

$$\begin{cases} \beta_{xx} = \dfrac{1}{(K_2 - K_1)\cdot \det}\left[\dfrac{K_2 P_1}{\sinh(eP_1)}(\sigma_{yx}K_1 + \sigma_{xx}) - \dfrac{K_1 P_2}{\sinh(eP_2)}(\sigma_{yx}K_2 + \sigma_{xx})\right] \\ \beta_{xy} = \dfrac{1}{(K_2 - K_1)\cdot \det}\left[\dfrac{P_2}{\sinh(eP_2)}(\sigma_{yx}K_2 + \sigma_{xx}) - \dfrac{P_1}{\sinh(eP_1)}(\sigma_{yx}K_1 + \sigma_{xx})\right] \\ \beta_{yx} = \dfrac{1}{(K_2 - K_1)\cdot \det}\left[\dfrac{K_2 P_1}{\sinh(eP_1)}(\sigma_{yy}K_1 + \sigma_{xy}) - \dfrac{K_1 P_2}{\sinh(eP_2)}(\sigma_{yy}K_2 + \sigma_{xy})\right] \\ \beta_{yy} = \dfrac{1}{(K_2 - K_1)\cdot \det}\left[\dfrac{P_2}{\sinh(eP_2)}(\sigma_{yy}K_2 + \sigma_{xy}) - \dfrac{P_1}{\sinh(eP_1)}(\sigma_{yy}K_1 + \sigma_{xy})\right] \end{cases} \quad \text{(D-36)}$$

Les relations (D-33) et (D-34) peuvent s'écrire ensemble, comme suit :

$$\begin{pmatrix} \mathbf{E}_1 \\ \mathbf{E}_2 \end{pmatrix} = \mathbf{n}_1 \times \begin{pmatrix} -[\alpha] & [\beta] \\ -[\beta] & [\alpha] \end{pmatrix} \begin{pmatrix} \mathbf{H}_{1s} \\ \mathbf{H}_{2s} \end{pmatrix} \qquad (D\text{-}37)$$

$$\text{Avec,} \quad [\alpha] = \begin{pmatrix} \alpha_{xx} & \alpha_{xy} \\ \alpha_{yx} & \alpha_{yy} \end{pmatrix} \text{ et } [\beta] = \begin{pmatrix} \beta_{xx} & \beta_{xy} \\ \beta_{yx} & \beta_{yy} \end{pmatrix} \qquad (D\text{-}38)$$

Annexes

ANNEXE E. ECRITURE GENERALE DES TENSEURS DE PROPRIETES SUR LE REPERE ORTHOGONAL OXY, A PARTIR DES PROPRIETES SUIVANT UN REPERE QUELCONQUE OUV

Le repère oxy est orthogonal, et ouv est un repère quelconque. Les axes de tous les repères sont perpendiculaires à l'axe oz. L'axe 'ou' fait un angle θ avec ox (0° ≤ θ ≤ 90°). Et l'angle entre les axes du repère ouv est égal à φ ($0° < \varphi \leq 90°$), (Figure E.1).

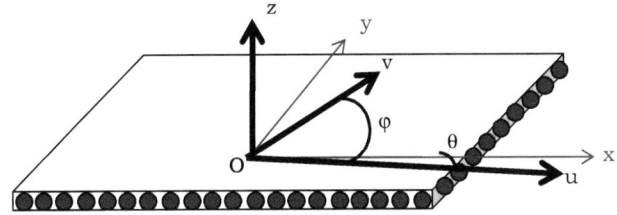

Figure E. 1 Géométrie étudiée

σ_u et σ_v sont les conductivités électrique du matériau composite dans les directions successives u, v des fibres.

Le tenseur de conductivité dans le repère oxy s'écrit :

$$[\sigma] = \begin{pmatrix} \sigma_{xx} & \sigma_{xy} \\ \sigma_{yx} & \sigma_{yy} \end{pmatrix} \qquad (E-1)$$

La matrice de rotation qui permet le passage du repère ouv au repère oxy s'écrit :

$$\begin{pmatrix} x \\ y \end{pmatrix} = \begin{pmatrix} \cos\theta & \cos(\theta+\varphi) \\ \sin\theta & \sin(\theta+\varphi) \end{pmatrix} \begin{pmatrix} u \\ v \end{pmatrix} \qquad (E-2)$$

D'où, la matrice de rotation qui permet de passer du repère oxy au repère ouv qui s'écrit :

$$\begin{pmatrix} u \\ v \end{pmatrix} = \begin{pmatrix} \dfrac{\sin(\theta+\varphi)}{\sin\varphi} & \dfrac{-\cos(\theta+\varphi)}{\sin\varphi} \\ \dfrac{-\sin\theta}{\sin\varphi} & \dfrac{\cos\theta}{\sin\varphi} \end{pmatrix} \begin{pmatrix} x \\ y \end{pmatrix} \qquad (E-3)$$

La forme locale de la loi d'Ohm dans le repère ouv s'écrit :

$$\begin{pmatrix} J_u \\ J_v \end{pmatrix} = \begin{pmatrix} \sigma_u E_u \\ \sigma_v E_v \end{pmatrix} \qquad (E-4)$$

La relation (E.3), nous permet d'écrire la densité de courant de façon suivante :

$$\begin{cases} J_u = \dfrac{\sin(\theta+\varphi)}{\sin\varphi} J_x - \dfrac{\cos(\theta+\varphi)}{\sin\varphi} J_y \\ J_v = \dfrac{-\sin\theta}{\sin\varphi} J_x + \dfrac{\cos\theta}{\sin\varphi} J_y \end{cases} \qquad (E-5)$$

En remplaçant (E -5) dans (E -4), on obtient :

$$\begin{cases} \sigma_u E_u = \dfrac{\sin(\theta+\varphi)}{\sin\varphi} J_x - \dfrac{\cos(\theta+\varphi)}{\sin\varphi} J_y \\ \sigma_v E_v = -\dfrac{\sin\theta}{\sin\varphi} J_x + \dfrac{\cos\theta}{\sin\varphi} J_y \end{cases} \qquad (E-6)$$

Aussi, le champ électrique s'écrit avec la transformation (E -3) :

$$\begin{pmatrix} E_u \\ E_v \end{pmatrix} = \begin{pmatrix} \dfrac{\sin(\theta+\varphi)}{\sin\varphi} & \dfrac{-\cos(\theta+\varphi)}{\sin\varphi} \\ \dfrac{-\sin\theta}{\sin\varphi} & \dfrac{\cos\theta}{\sin\varphi} \end{pmatrix} \begin{pmatrix} E_x \\ E_y \end{pmatrix} \qquad (E-7)$$

En remplaçant la relation (E -7) dans (E -6), on obtient la matrice de transformation des propriétés du repère ouv quelconque vers un repère oxy:

$$\begin{pmatrix} J_x \\ J_y \end{pmatrix} = \begin{pmatrix} \dfrac{(\sigma_u \cos\theta \sin(\theta+\varphi) - \sigma_v \sin\theta \cos(\theta+\varphi))}{\sin\varphi} & \dfrac{(\sigma_v - \sigma_u)\cos\theta \cos(\theta+\varphi)}{\sin\varphi} \\ \dfrac{(\sigma_u - \sigma_v)\sin\theta \sin(\theta+\varphi)}{\sin\varphi} & \dfrac{(\sigma_v \cos\theta \sin(\theta+\varphi) - \sigma_u \sin\theta \cos(\theta+\varphi))}{\sin\varphi} \end{pmatrix} \begin{pmatrix} E_x \\ E_y \end{pmatrix} \qquad (E-8)$$

D'où,

$$\begin{pmatrix} \sigma_{xx} & \sigma_{xy} \\ \sigma_{yx} & \sigma_{yy} \end{pmatrix} = \begin{pmatrix} \dfrac{(\sigma_u \cos\theta \sin(\theta+\varphi) - \sigma_v \sin\theta \cos(\theta+\varphi))}{\sin\varphi} & \dfrac{(\sigma_v - \sigma_u)\cos\theta \cos(\theta+\varphi)}{\sin\varphi} \\ \dfrac{(\sigma_u - \sigma_v)\sin\theta \sin(\theta+\varphi)}{\sin\varphi} & \dfrac{(\sigma_v \cos\theta \sin(\theta+\varphi) - \sigma_u \sin\theta \cos(\theta+\varphi))}{\sin\varphi} \end{pmatrix} \qquad (E-9)$$

ANNEXE F. FORMULATION MULTICOUCHES

Considérons une plaque de composite multicouche anisotrope à p couches (p>1). Les couches sont orientées les unes par rapport aux autres d'un angle θ défini par rapport au référentiel oxy. Les fibres dans les couches, sont orientées d'un angle φ dans le repère ouv (Figure F.1).

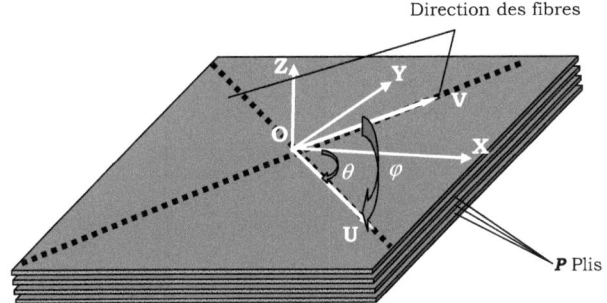

Figure F. 1 Matériau composite multicouche

La relation suivante donne les composantes du tenseur de conductivité $[\sigma_k]$ de la couche d'indice k :

$$\begin{bmatrix} \sigma_{(k)xx} & \sigma_{(k)xy} \\ \sigma_{(k)yx} & \sigma_{(k)yy} \end{bmatrix} = \begin{bmatrix} \dfrac{(\sigma_u \cos\theta_k \sin(\theta_k + \varphi) - \sigma_v \sin\theta_k \cos(\theta_k + \varphi))}{\sin\varphi} & \dfrac{(\sigma_v - \sigma_u)\cos\theta_k \cos(\theta_k + \varphi)}{\sin\varphi} \\ \dfrac{(\sigma_u - \sigma_v)\sin\theta_k \sin(\theta_k + \varphi)}{\sin\varphi} & \dfrac{(\sigma_v \cos\theta_k \sin(\theta_k + \varphi) - \sigma_u \sin\theta_k \cos(\theta_k + \varphi))}{\sin\varphi} \end{bmatrix} \quad (F\text{-}1)$$

Les démarches pour obtenir la relation (F-35) sont données en annexe E.

Le problème multicouche consiste à décomposer le problème en p problèmes monocouche ou la continuité de la composante tangentielle des champs magnétique et électrique est assurée d'une couche à l'autre.

L'impédance de surface anisotrope pour la couche d'indice k est donnée par :

$$\begin{pmatrix} \mathbf{E}_k \\ \mathbf{E}_{k+1} \end{pmatrix} = \mathbf{n}_1 \times \begin{pmatrix} -[\alpha_k] & [\beta_k] \\ -[\beta_k] & [\alpha_k] \end{pmatrix} \begin{pmatrix} \mathbf{H}_{(k)s} \\ \mathbf{H}_{(k+1)s} \end{pmatrix} \qquad \text{(F- 2)}$$

Où $[\alpha_k]$ et $[\beta_k]$ sont des coefficients tensoriels qui dépendent de la fréquence, la perméabilité magnétique et de la conductivité électrique du matériau.

Il sera obtenu p+1 relations d'impédance de surface anisotrope monocouche pour les p couches du composite.

La relation (F-2) pour les trois premières couches s'écrit :

$$\begin{cases} \mathbf{E}_1 = \mathbf{n}_1 \times ([\beta_1] \cdot \mathbf{H}_{(2)s} - [\alpha_1] \cdot \mathbf{H}_{(1)s}) \\ \mathbf{E}_2 = \mathbf{n}_1 \times ([\alpha_1] \cdot \mathbf{H}_{(2)s} - [\beta_1] \cdot \mathbf{H}_{(1)s}) \end{cases} \qquad \text{(F- 3)}$$

$$\begin{cases} \mathbf{E}_2 = \mathbf{n}_1 \times ([\beta_2] \cdot \mathbf{H}_{(3)s} - [\alpha_2] \cdot \mathbf{H}_{(2)s}) \\ \mathbf{E}_3 = \mathbf{n}_1 \times ([\alpha_2] \cdot \mathbf{H}_{(3)s} - [\beta_2] \cdot \mathbf{H}_{(2)s}) \end{cases} \qquad \text{(F- 4)}$$

$$\begin{cases} \mathbf{E}_3 = \mathbf{n}_1 \times ([\beta_3] \cdot \mathbf{H}_{(4)s} - [\alpha_3] \cdot \mathbf{H}_{(3)s}) \\ \mathbf{E}_4 = \mathbf{n}_1 \times ([\alpha_3] \cdot \mathbf{H}_{(4)s} - [\beta_3] \cdot \mathbf{H}_{(3)s}) \end{cases} \qquad \text{(F- 5)}$$

La relation (F-2) pour la dernière couche s'écrit :

$$\begin{cases} \mathbf{E}_p = \mathbf{n}_1 \times ([\beta_p] \cdot \mathbf{H}_{(p+1)s} - [\alpha_p] \cdot \mathbf{H}_{(p)s}) \\ \mathbf{E}_{p+1} = \mathbf{n}_1 \times ([\alpha_p] \cdot \mathbf{H}_{(p+1)s} - [\beta_p] \cdot \mathbf{H}_{(p)s}) \end{cases} \qquad \text{(F- 6)}$$

Au passage entre deux couches de conductivités différentes, les composantes tangentielles des champs électriques et magnétiques sont conservées.

En éliminant les champs électrique et magnétique d'indice 2 à p de ces équations on obtient une relation de la forme suivante :

$$\begin{pmatrix} \mathbf{E}_1 \\ \mathbf{E}_{p+1} \end{pmatrix} = \mathbf{n}_1 \times \begin{pmatrix} -[\alpha_{1p}][\beta_{1p}] \\ -[\beta_{p1}][\alpha_{p1}] \end{pmatrix} \begin{pmatrix} \mathbf{H}_{(1)s} \\ \mathbf{H}_{(p+1)s} \end{pmatrix} \qquad (F\text{- }7)$$

On cherche à écrire la relation impédance de surface anisotrope multicouche de la plaque de composite stratifiée, à partir des relations impédances de surfaces anisotropes monocouches des différentes couches du composite.

On procède par élimination des champs électrique et magnétique tangentiels aux interfaces des différentes couches (d'indice 2 à p) :

De la deuxième équation de (F-3) et la première équation de (F-4), le champ magnétique tangentiel à l'interface de la première et deuxième couche s'écrit :

$$[\alpha_1] \cdot \mathbf{H}_{(2)s} - [\beta_1] \cdot \mathbf{H}_{(1)s} = [\beta_2] \cdot \mathbf{H}_{(3)s} - [\alpha_2] \cdot \mathbf{H}_{(2)s} \qquad (F\text{- }8)$$

D'où :

$$\mathbf{H}_{(2)s} = \frac{[\beta_2] \cdot \mathbf{H}_{(3)s} + [\beta_1] \cdot \mathbf{H}_{(1)s}}{[\alpha_1] + [\alpha_2]} \qquad (F\text{- }9)$$

Si on remplace $\mathbf{H}_{(2)s}$ par son expression (F-9) dans la première équation de (F-3) et la deuxième équation de (F-4), on obtient la relation impédance de surface anisotrope multicouche pour les deux premières couches :

$$\begin{cases} \mathbf{E}_1 = \mathbf{n}_1 \times ([\beta_{12}] \cdot \mathbf{H}_{(3)s} - [\alpha_{12}] \cdot \mathbf{H}_{(1)s}) \\ \mathbf{E}_3 = \mathbf{n}_1 \times ([\alpha_{21}] \cdot \mathbf{H}_{(3)s} - [\beta_{21}] \cdot \mathbf{H}_{(1)s}) \end{cases} \qquad (F\text{- }10)$$

Avec :

$$[\alpha_{12}] = \left([\alpha_1] - \frac{[\beta_1]^2}{[\alpha_1]+[\alpha_2]}\right) \qquad [\beta_{12}] = \frac{[\beta_1] \cdot [\beta_2]}{[\alpha_1]+[\alpha_2]}$$

$$[\alpha_{21}] = \left([\alpha_2] - \frac{[\beta_2]^2}{[\alpha_1]+[\alpha_2]}\right) \qquad [\beta_{21}] = \frac{[\beta_2] \cdot [\beta_1]}{[\alpha_1]+[\alpha_2]}$$

La deuxième équation de (F-10) et la première équation de (F-5) on peut écrire le champ à l'interface de la deuxième et troisième couches par :

$$H_{(3)s} = \frac{[\beta_3] \cdot H_{(4)s} + [\beta_{21}] \cdot H_{(1)s}}{[\alpha_{21}] + [\alpha_3]} \qquad (F\text{-}11)$$

Si on remplace $H_{(3)s}$ par son expression (F-11) dans la première équation du système (F-10) et la deuxième équation du système (F-6), on obtient la relation impédance de surface anisotrope de l'ensemble des trois premières couches :

$$\begin{cases} E_1 = n_1 \times ([\beta_{13}] \cdot H_{(4)s} - [\alpha_{13}] \cdot H_{(1)s}) \\ E_4 = n_1 \times ([\alpha_{31}] \cdot H_{(4)s} - [\beta_{31}] \cdot H_{(1)s}) \end{cases} \qquad (F\text{-}12)$$

Avec :

$$[\alpha_{13}] = \left([\alpha_{12}] - \frac{[\beta_{12}] \cdot [\beta_{21}]}{[\alpha_{21}] + [\alpha_3]}\right) \quad\text{et}\quad [\beta_{13}] = \frac{[\beta_{12}] \cdot [\beta_3]}{[\alpha_{21}] + [\alpha_3]}$$

$$[\alpha_{31}] = \left([\alpha_3] - \frac{[\beta_3]^2}{[\alpha_{21}] + [\alpha_3]}\right) \qquad [\beta_{31}] = \frac{[\beta_3] \cdot [\beta_{21}]}{[\alpha_{21}] + [\alpha_2]}$$

Par déduction, le champ magnétique à l'interface des couches k et k-1 s'écrit :

$$H_{(k)s} = \frac{[\beta_k] \cdot H_{(k+1)s} + [\beta_{(k-1)1}] \cdot H_{(1)s}}{[\alpha_{(k-1)1}] + [\alpha_k]} \qquad (F\text{-}13)$$

On peut déduire aussi, que la relation impédance de surface anisotrope multicouche des k premières couches s'écrit :

$$\begin{cases} E_1 = n_1 \times ([\beta_{1k}] \cdot H_{(k)s} - [\alpha_{1k}] \cdot H_{(1)s}) \\ E_k = n_1 \times ([\alpha_{k1}] \cdot H_{(k)s} - [\beta_{k1}] \cdot H_{(1)s}) \end{cases} \qquad (F\text{-}14)$$

Avec :

$$[\alpha_{1(k)}] = \left([\alpha_{1(k-1)}] - \frac{[\beta_{1(k-1)}] \cdot [\beta_{(k-1)1}]}{[\alpha_{(k-1)1}] + [\alpha_k]}\right) \quad [\beta_{1(k)}] = \frac{[\beta_{1(k-1)}] \cdot [\beta_k]}{[\alpha_{(k-1)1}] + [\alpha_k]}$$
$$[\alpha_{(k)1}] = \left([\alpha_k] - \frac{[\beta_k]^2}{[\alpha_{(k-1)1}] + [\alpha_k]}\right) \quad [\beta_{(k)1}] = \frac{[\beta_k] \cdot [\beta_{(k-1)1}]}{[\alpha_{(k-1)1}] + [\alpha_k]} \quad \text{(F-15)}$$

Le champ magnétique tangentiel à l'interface des p-1 couches assemblés et de la dernière couche s'écrit :

$$\mathbf{H}_{(p)s} = \frac{[\beta_p] \cdot \mathbf{H}_{(p+1)s} + [\beta_{(p-1)1}] \cdot \mathbf{H}_{(1)s}}{[\alpha_{(p-1)1}] + [\alpha_p]} \quad \text{(F-16)}$$

Les coefficients $[\alpha_{(p-1)1}]$, $[\beta_{(p-1)1}]$, sont calculés avec la relation (F-95), en remplaçant k par (p-1).

La relation impédance de surface globale est donc :

$$\begin{pmatrix} \mathbf{E}_1 \\ \mathbf{E}_{p+1} \end{pmatrix} = \mathbf{n}_1 \times \begin{pmatrix} -[\alpha_{1p}] & [\beta_{1p}] \\ -[\beta_{p1}] & [\alpha_{p1}] \end{pmatrix} \begin{pmatrix} \mathbf{H}_{(1)s} \\ \mathbf{H}_{(p+1)s} \end{pmatrix} \quad \text{(F-17)}$$

Références bibliographiques

[ABAK 01] A. Abakar, J.L. Coulomb, G. Meunier, F.-X. Zgainski and C. Guérin, "3-D Modelling of Thin Wire and Thin Plate Using Finite Element Method and Electrical Circuit Equation" IEEE Trans on Magnetic, Vol. 37, No. 5, pp. 3238-3241, September 2001.

[AGEO 01] C. Ageorges, L. Ye, M. Hou, "Advances in fusion bonding techniques for joining thermoplastic matrix composites: a review", Composites: Part A (32) pp-839-857, 2001.

[ALIF 05] O.M. Alifanov, Y.C. Jarny, P.V. Prosuntsov and G.A Ivanov, "Complex identification of thermophysical properties of anisotropic composite material", The 5th International Conference on Inverse Problems in Engineering, Clare College, Cambridge, UK, July 11-15, 2005.

[AVIL 04] A. F. Avila, P. de O. Bueno, "An experimental and numerical study on adhesive joints for composites", Comp. Struc., Vol. 64, pp-531-537, 2004.

[BAIL 96] J.L. Bailleul et al, "Identification des propriétés thermiques de composites fibre de verre/résines thermodurcissables, Application à l'optimisation des procédés de moulage", Revue Générale de Thermique, Vol.35, pp-65-77, 1996.

[BECK 98] J.V. Beck, K. A. Woodbury, "Inverse problems and parameter estimation: integration of measurements and analysis" Meas. Sci. Technol. Vol.9 839-847, 1998.

[BEEV 91] A. Beevers, "Welding: the way ahead for thermoplastics?", Engineering ACE, Vol.231 N°.10, pp-11-12, November 1991.

[BENA 86] A. Benatar, TG. Gutowski, "Methods for fusion bonding thermoplastic composites", SAMPE Quarterly 1986; Vol.10; pp-35–42.

[BENS 02] S. Bensaid, "Utilisation de la méthode du problème inverse pour l'identification des propriétés physiques des matériaux composites de type résine/carbone", Rapport de DEA Electronique et Génie Electrique université de Nantes, 2002.

[BENS 05a] **S. Bensaid**, D. Trichet, J. Fouladgar, "3D Simulation of Induction Heating of Anisotropic Composite Materials", IEEE Trans. on. Magn., Vol.41, issue.5, pp.1568-1571, May 2005.

[BENS 06] **S. Bensaid**, D. Trichet, J. Fouladgar, "Electromagnetic and Thermal Behaviours of Multi-Layer Anisotropic Composite Materials", IEEE Trans. on. Magn., Vol.42, N° 4., pp-995-998, April 2006.

[BERR 02] L. Berreur, B. De Maillard, S. Nösperger, "L'industrie française des matériaux composites", Etude stratégique (Rapport de synthèse) réalisée par Nodal consultants pour le compte de la Digitip / SIM, 14 Mai 2002.

[BIRO 89] O. Biro, K. Preis, "On the use of the magnetic vector potential in the finite element analysis of three-dimensional eddy currents", IEEE Transactions on Magnetics, vol. 25, No. 4, pp. 3145-3159, July 1989.

[BIRO 97] O. Biro, A. Bkdi, K. Preis, W. Renhart and K-R. Richter, "A Finite Element Formulation for Eddy Current Carrying Ferromagnetic Thin Sheets", IEEE Transactions on Magnetic, Vol. 33, N° 2, pp- 1173–1178, March 1997.

[BOSS 83] Bossavit, A. Verite, J. "The "TRIFOU" Code: Solving the 3-D eddy-currents problem by using H as state variable" IEEE TRANS. ON MAGN., Vol. 19, N°. 6, pp- 2465- 2470, Nov 1983.

[BOSS 96] A. Bossavit, "Effective penetration depth in spatially periodic grid: a novel approach to homogenization", EMC'94, Univ. La Sapienza, Rome, March 1996.

[BOUI 00] F. Rapetti, F. Bouillault, L. Santandrea, A. Buffa, Y. Maday, A. Razek "Calculation of eddy currents with edge elements on non-matching grids in moving structures", IEEE Trans. On Magn. Vol.36 N°4, pp-1351-1355, July 2000.

[BROO 03] R. Brooks, "Composites in Automotive Applications: Design", Comprehensive Composite Materials, Chap-6.16, Pages 341-363, 2003.

[COX 97] B. N. Cox, G. Flanagan, "Handbook of Analytical Methods for Textil Composites", NASA Contractor Report 4750, March 1997.

[DELA 05] J. Delanoë, T. Magnier, "Détermination de la conductivité électrique des matériaux composites pour l'aéronautique", Rap. Stage ingé, Ecole polytechnique de l'université de Nantes, 2005.

[DEVE 00a] G. Develey, "Chauffage par induction électromagnétique, principe", Technique d'ingénieur, Référence : D5935, Février 2000

[DEVE 00b] G. Develey, "Chauffage par induction électromagnétique, technologie", Technique d'ingénieur, Référence : D5936, Août 2000

[DOIR xx] V. Doirat, **S. Bensaid**, J. Fouladgar, G. Berthiau, and A. Lefevre "Magnetic Response of Anisotropic Metal Fibre Material Using Homogeneous Technique in ECNDT", A paraître dans la revue IEEE Trans. on Magn.

[DON 90] RC Don, L. Bastien, TB. Jakobsen, J-r. J-W. Gillepsie, "Fusion bonding of thermoplastic composites by resistance heating". SAMPE Journal, Vol.26, N° 1, pp-59-66, 1990.

[DUPE 52] S. Duperrier, "Pratique du chauffage électronique", Edition Chiron, 1952.

[DYOS 92] G.T. Dyos, T. Farrell, "Electrical Resistivity Handbook", Hardcover-Peter Pregrinus Ltd., September 1992.

[ELFE 97] El Feddi M., Z. Ren, A. Razek, A. Bossavit, "Homogenization technique for Maxwell equations in periodic structures", IEEE Tans. On Mag., Vol. 33 No.2 pp-1382-1385, March 1997.

[EVEN 88] E-C. Eveno, J-r. J-W. Gillespie, "Resistance welding of graphite polyetheretherketone composites: an experimental investigation", Thermoplastic Composite Material, Vol.1 pp-322–38, 1988.

[FADA 95] T. D. Fadale, A. V. Nenarokomov; A. F. Emery, "Uncertainties in parameter estimation: the inverse problem", Int. J. Heat Mass Transfer. Vol. 38, No. 3, pp. 511-518, 1995.

[FAVE 02] Y. Favennec, V. Labbé, Y. Tillier, and F. Bay, "Identification of Magnetic Parameters by Inverse Analysis Coupled With Finite-Element Modeling", IEEE Trans. On Mag., Vol. 38, No. 6, November 2002.

[FOUL 97] J. Fouladgar, "The inverse problem methodology for measurement of permeability of the ferromagnetic materials", IEEE Trans. on Magn. Vol.33, No.2, March 1997.

[GAY 97] D. Gay, « Matériaux composites », Hermes, Collection matériaux, 1997

[GUER 94] C. Guérin, "Détermination des pertes par courants de Foucault dans les cuves de transformateurs. Modélisation de régions minces et prise en compte de saturation des matériaux magnétiques en régime harmonique", Thèse de doctorat de l'institut national polytech de Grenoble, 1994.

[GUER 95] C. Guerin, G. Tanneau, T. Ngneugueu, "A shell element for computing 3D eddy currents – application to transformers," IEEE Transactions on Magnetic, Vol.1, Issue.3, pp-1360-1363, May 1995.

[HUET 80] C. Huet, A. Zaoui, "Comportements rhéologiques et structure des matériaux", Groupe français de rhéologie, 15ème Colloque Annuel, Paris, 1980.

[IGAR 98] H. Igarashi, A. Kost, T. Honma, "A three dimensional analysis of
magnetic fields around a thin magnetic conductive layer using vector potential", IEEE Trans. on Magn. Vol.34, No.5, pp-2539-2542, Sep 1998.

[ILCE 03] L. B. Ilcewicz, D. J. Hoffman and A. J. Fawcett, "Composite Applications in Commercial Airframe Structures", Comprehensive Composite Materials, 2003, Chap-6.07, Pages 121-163.

[JARN 01] Y.C. Jarny, P. Guillemet, "Estimation simultanée de la conductivité thermique et de la chaleur spécifique de matériaux orthotropes", Congrès français de thermique, SFT2001, Nantes, 2001.

[JARN 02] Y.C. Jarny, "Inverse heat transfer problems and thermal characterisation of materials", 4th International conference on inverse problems in engineering, Rio de Janeiro, Brazil, 2002.

[KIM 02] H. Kim, et al. "A study on the induction heating of carbon fiber reinforced Thermoplastic composites", Advanced Composite Material, Vol.11, No.1, pp. 71–80, 2002.

[KRAH 93] L.Krähenbühl and D.Muller, "Thin layers in electrical engineering: Example of shell models in analyzing eddy-currents by boundary and finite elements methods", IEEE Trans. On Magn, Vol. 29, N° 2, pp. 1450-1455 March 1993.

[LEBI 03] Y. Le Bihan, "Study on the transformer equivalent circuit of eddy current non-destructive evaluation", NDT & E International, Vol.36, N°. 5, P- 297-302, July 2003.

[LOMB 93] P. Lombard G. Meunier, "A General Purpose Method for Electric and Magnetic Combined Problems for 2D, Axisymmetric and Transient Systems", IEEE Trans. On Magn., Vol. 29, N°. 2, pp-1737-1740, March 1993.

[LOZI 69] M.G. Lozinski, "Industrial Applications of Induction Heating", Pergamon Press, London, 1969.

[MAGU 89] DM. Maguire, "Joining thermoplastic composites", SAMPE Journal, Vol. 25 - N°1, pp-11–14, 1989.

[MARC 02] B. MARCZIS, T. CZIGANY, « POLYMER JOINTS », Periodica Polytechnica Ser. Mech. Eng. Vol. 46, No. 2, PP. 117–126 (2002).

[MATA 95] E. Matagne, "Macroscopic electrical characterization of bundles of conductors", IEEE Trans. on Magn. Vol. 31, No. 3, pp.1464-1467, May 1995.

[MATA 97] E. Matagne et J. Ph. Conard, " Modélisation macroscopique des milieux stratifiés conducteurs", Journal de physique III, Vol.7 No.11, pp.2251-2263, Novembre 1997.

[MINK 04] W.J. Minkowycz, E.M. Sparrow, J. Y. Murthy, "Handbook of Numerical Heat Transfer", 2nd Edit., John Wiley & Sons, January 2004.

[NAKA 90] T. Nakata, N. Takahashi, K. Fujiwara and Y. Shiraki, "3-D Magnetic Field Analysis Using Special Elements", IEEE Trans. on Magn. Vol.26, No.5, pp-2379-2381, September 1990.

[PESQ 98] Epherre J .F., Pesqué J .J. , "Homogénéisation en thermique", Revue Scientifique de la direction des applications militaires, n°19, Septembre 1998.

[QIUG 90] Pan Qiugen, "Contribution à la modélisation des phénomènes magnétothermiques dans les systèmes électromagnétiques par la méthode des éléments finis Electromagnétisme, Méthode des éléments finis, Modélisation ", Thèse de doc. de l'univ de Paris VI, 1990.

[REN 96] Z. Ren, "Auto-gauging of vector potential by iterative solver – Numerical evidence", 3rd Int. Workshop on Electric and Magnetic Fields, Belgium-Liège, May, 1996

[ROBE 05] Robert W. Messler, Jr., "Joining Composite Materials and Structures: Some Thought-provoking Possibilities", Journal of T.plastic Comp Mat, Vol. 17, pp-51-74, January 2005.

[RODG 91] D. Rodger, P.J. Leonard, H.C. Lai and R.J. Hill-Cottingham, "Surface elements for modelling eddy currents in high permeability materials", IEEE TRANS. ON MAGN., Vol. 27, N°. 6, Nov 1991

[RUDO 00] R. Rudolf, P. Mitschang, M. Neitzel, "Induction heating of continuous carbon-fibre-reinforced thermoplastics", Composite: Part A (applied science and manufacturing) Vol.31, pp 1191- 1202, 2000.

[SCHW 94] MM. Schwartz, "Joining of composite materials", ASM International, pp-35-88, 1994.

[SILV 89] EM. Silverman, RA. Griese, "Joining methods for graphite/PEEK thermoplastic composites", SAMPE Journal, Vol.25 N° 5 pp-34–7, 1989.

[STAV 05] D. Stavrov, H.E.N. Bersee, "Resistance welding of thermoplastic composites-an overview", Composites: Part A (Applied science and manufact), Vol.36 pp. 39–54, 2005.

[TARA 87] A. Tarantola, "Inverse Problem theory", Elsevier, Amsterdam, 1987.

[TRIC 00a] D. Trichet, "Contribution à la modélisation, à la conception et au développement du chauffage par induction des matériaux composites", Thèse de doctorat, école doctorale sciences pour l'ingénieur de Nantes, Jan 2000.

[TRIC 00b] D. Trichet, E. Chauveau, J. Fouladgar, "Asymptotic calculation of equivalent electromagnetic and thermal properties for composite materials", IEEE Trans. On Magn., Vol.36-No.4, pp.1193-1196, July 2000.

[TRIC 98] D. Trichet, J. Fouladgar, G. Develey, "An Estimator for Equivalent Properties of a Bundle of Conductors Using the Inverse Problem Method", IEEE Trans. On Magn., Vol.35, No.5, pp.2889-2892, Sep. 1998.

[WEBS 99] J.G. Webster, "The measurement, instrumentation, and sensors handbook", CRC Press LLC, Boca Raton, Florida, 1999.

[YU 95] H.T. Yu, K.R. Shao, K.D. Zhou, "H Method for solving 3D eddy current problems", IEEE TRANS. ON MAGN., Vol. 31, N°. 6, pp-3518-3520, Nov 1995.

Oui, je veux morebooks!

i want morebooks!

Buy your books fast and straightforward online - at one of world's fastest growing online book stores! Environmentally sound due to Print-on-Demand technologies.

Buy your books online at
www.get-morebooks.com

Achetez vos livres en ligne, vite et bien, sur l'une des librairies en ligne les plus performantes au monde!
En protégeant nos ressources et notre environnement grâce à l'impression à la demande.

La librairie en ligne pour acheter plus vite
www.morebooks.fr

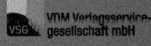

VDM Verlagsservicegesellschaft mbH
Heinrich-Böcking-Str. 6-8   Telefon: +49 681 3720 174   info@vdm-vsg.de
D - 66121 Saarbrücken   Telefax: +49 681 3720 1749   www.vdm-vsg.de

Printed by Books on Demand GmbH, Norderstedt / Germany